分手所需100步

exteen.com 创办人 / 谛帕恭 · 武提皮塔雅蒙空
（Teepagorn Wuttipitayamongkol）/ 著
麦麦 / 译

人民东方出版传媒
People's Oriental Publishing & Media
東方出版社
The Oriental Press

给我亲爱的中国读者们……

萨瓦迪卡！

“萨瓦迪卡”在泰语里是用来打招呼的词语。我的名字叫 Teepagorn Wuttipitayamongkol（谛帕恭·武提皮塔雅蒙空），中文名字叫 Chen Youjing（我不知道中文是怎么写的）。首先要跟中国读者朋友们问好，同时非常感谢您购买了本书。

当我一开始知道这本书会被翻译成中文版本，给中国的读者阅读时，我感到非常激动和兴奋，更加觉得不可思议。我觉得自己只是一个普通的泰国人，而我写的这两本书将会吸引到众多的中国读者阅读观看，这真是一个巨大的惊喜！

这两本书，谈论的是一些非常普遍的现象。就是关于成功的

事情（《失败所需100步》）和关于爱情的事情（《分手所需100步》）。泰国和中国之间有着悠久的历史文化渊源，在文化方面更是有着诸多的相似之处，我想中国的读者朋友们一定能理解书中的内容以及我想表达的意义。

感谢出版商人民东方出版传媒有限公司和此书的策划人朱然女士，正是你们的不懈努力才能够让这两本泰国著名的畅销书跟广大中国读者见面，能够把本书要表达的内容及意义传递给更多喜爱它的读者。

希望“100步”系列作品能带给您有趣的阅读体验。

非常感谢！

谛帕恭·武提皮塔雅蒙空

（Teepagorn Wuttipitayamongkol）

2018年10月

编者想说……

去年，在出版《失败所需 100 步》之前，我们认为怎么会有人一辈子都只想要成功，一定还是会有人厌倦了胜利感，希望人生偶尔也来一点失败的经历（吧？），而且出版那本书仍无损本社的宗旨：当一条逆水而游的鲑鱼（鲑鱼出版社——泰国出版社）。我们想做一些有趣的事情，让大家能用不同的角度看事情之外，也不会违背世俗的观点。

同样是关于爱情，人们依旧需要“如何”（HOW TO）的这类图书，教你如何让爱情有所进展的方法、告白的方法、求婚的方法、找对象的方法、嫁给外国人的方法（真的有这种书喔）等等，这种书多到好像这世界上的人真的什么都不会做一样。（接着我就继续找找看有没有《如何成为最佳编辑的方法》，哈！）

其实说来也并不奇怪，当一个人到了一个新的环境或者遇见新的事物，总是会手足无措，失去信心，无论是管理工作、财务工作，使用手机、iPad、剃须刀、菜刀架等等，我们总是会寻找最快的方法，让自己从那些具有压力的状况中解脱出来。

爱情，也是一样，如果搞不定它，我们也是会寻找最简单的方法，例如恋爱指南，或是一些任何可以让你顺利过关斩将的手册。

我又开始痛痛痒痒、想东想西了，想为什么没有人要写**“如何分手”**这种书呢？

想一想又觉得很荒谬，谁会发神经写一本鼓励别人关系破裂的书呢？光是看电视、报纸、广播就常常听到一大堆感情纠纷的例子。我真是胡思乱想、胡说八道，真是个精神病！

但，谛帕恭·武提皮塔雅蒙空告诉我“我想写《分手所需100步》”时，我笑了，终于还是有一个跟我想法一样的疯子，而且还是去年的那个疯子。他补充说明之所以想写这么一本书，是因为他认为这本书应该可延续他之前创作兼画插画的《失败所需100步》，然后成为系列作品。

对于他的提议我深感赞同，因为除了成功，其实爱情也是每个人所追求的，许多人早也拜晚也拜*，求的不是其他，就是求自己的恋情能够长长久久，我站在既是作家也是出版社的立场，认为我应该做一本书，而这本书正是在读者感到彷徨无助的时候，可以依赖的。而本书所提供的让恋情长久的方法，对读者肯定是有很大帮助的。

“不是，就是要他们真的分手。”谛帕恭这么说。

* 译注：泰国为传统佛教国家，佛教徒占全国人口的九成以上。

好吧，在你要阅读《分手所需 100 步》前，我想有几点是必须要说的。

第一，请谨慎阅读：因为谛帕恭是一位毒舌作家，他会透过文字将你刺激得又痛又痒，正如其他泰国畅销作家形容他是一位“毒（笔）作家”，他写得跟真的似的，常常令人忍不住要真的照着做。

第二，请慎重收藏：也许本书会威胁到你的人身安全，因为如果其实你并没有想要分手，但是不小心被你的另一半发现本书，可能就会引起误会，然后收拾东西离开你。（你看吧，光是看到封面就很有效果了！）因此，我建议你找他或她一同阅读，一项一项地和她一起讨论。因为我们不希望造成任何状况的不愉快或是暴力行为哦。

第三，认真地照着做：针对真的想要分手的读者，若你因此成功摆脱对方，而对本书推崇有加，我们亦备感荣幸，而你也终于可以如愿享受单身生活。

但若你失败得一塌胡涂，怎么样照做都还是分不了手，用了十个方法，甚至是一百个方法，想发飙写 E-mail 骂作者，或者想手持冲锋枪到鲑鱼出版社来扫射……

无论如何，就在你把这本书丢掉以前，我们向你表达最真挚的祝福！

纳查农 · 马哈伊堤东

（Natchanon Mahaittidon）

鲑鱼出版社

推荐序

我连稿子都还没看完时，就忍不住打电话给作者抱怨：“喂！你故意写来刺激我的是不是！”擅长骂人不带脏字的谛帕恭却说，这只不过是一般大众的现象罢了。

要我“**别随便自行对号入座**”。

我这才渐渐地注意到，他写的内容其实都是你我时常会犯，再平常不过的事儿了。只不过是被一个爱用文字讽刺人的作家放大，事情就变大条了。

本书提到的一百个步骤也许会让读者哀声连连，发现其实文中提到的做法，很多都曾发生在我们身上，但请你放松，尽情地享受阅读的乐趣吧。读完了你可以想想你的伴侣关系，在你们交往的模式里，哪些是你可以了解的，或者有哪些是你受不了想要骂人的，就减少那些不好的做法吧，这会让你的恋爱关系更加长久。

然而对于连一点点的指教都受不了的人，希望你可以了解到，其实爱情就是要彼此接纳、彼此包容。

最后，再来选择你的爱情关系中有哪些问题需要被修正，或者还有哪些可以先放下。

有时候……这会是一种考验，考验他是否愿意忍耐、愿意了解，还是他只是想找机会分手，最后让一切都变成你无法接受的事情，以至于在读完本书后他能成功地离开你。

愿爱情天长地久！

帕查 · 艾能克阿尤瓦特

（Padcha Anekayuwat*）

---

* 译注：帕查 · 艾能克阿尤瓦特是泰国知名歌手。

作者想说……

在你阅读这本书以前，我必须先说明，其实本书差一点就定名为《分手的 100 个步骤：包括独自离别这个世界，孤独终身与……》，但是由于编者认为这样书名就会太过冗长，怕读者会因为记不住，而在芸芸“书”海里找不到这本书，于是决定将书名缩短百分之七十，只留下简洁的《分手所需 100 步》。对于出版界与鲑鱼出版社而言是一件非常可惜的事，因为少了一本超长书名的书来装饰出版界。

但你是否怀疑过，为什么这本书要写分手？为什么要独居？为什么要永保单身？为什么要抵制爱情？

既然如此，请允许我反问，爱情是什么？

假如你曾在搜索引擎中打上“爱情是……”来寻找爱情的答案，你一定知道，电脑居然这样直接地回答这超热门的问题：“爱情是贡献，爱情是美丽的。”

看！就连无心的搜索引擎都这么说了，这样无论去问谁，一定都会获得类似的答案了吧？

问路人，他也许会回答说：“爱情是……让这个世界运转的东西。”坐在飙车族后座的美眉，也许会这么回答：“爱情喔……啊，我也不知道呢，啊不就是个好东西嘛。”

问老外，他也许会回答说：“Oh，you know，love is the most beautiful thing in the world.”（噢！你知道的，爱情就是世界上最美丽的东西！）

但是，如果你问中国哲学家，也许就得不到答案了，你只会听到最广为流传的一句话“**何处有爱情，该处也有苦痛**”（然后这句话被同志们改为“何处有攻，该处也有受”，再演变成各自族群的座右铭，但这都已超出本书的主题啦，不是这本书的）。

没错，何处有爱情，该处也有苦痛。

那就……就不要有了吧！

因为爱情就是一切问题的开始，是罪恶的开端，从罗密欧与朱丽叶，到志明与春娇都是如此。“爱情”是人类历史上许多可怕的战争源头，是阻碍大脑运作的元凶。因为一旦开始爱了，女人的大脑会转移到心脏，而男人的大脑会转移到胯下。

问：为何男人会做出蠢事

答：因为爱

问：为何女人会做出蠢事

答：因为爱

显而易见，爱情是被浪漫爱情电影提高其价值了，然而，实际上它根本什么都不是。

所以，还是不要爱了吧！读到这里，渐渐看清事实的读者，也许会有这么一个疑问：“如果已经不小心在谈恋爱了，而且现在还正处于如胶似漆的甜蜜期，两人形影不离……手牵手心连心，就连上厕所也要在一起的，那要怎么办呢？”

给你五秒钟的时间思考。

……

那就买这本书啰！

祝您分手愉快！

谛帕恭·武提皮塔雅蒙空

（Teepagorn WuttiPitayamongkol）

目录

what ever!

01

不爱了

这本书的第一个方法，

才刚开始要谈怎么分手，很多人就嫌太难了！

冷静点儿，先别急着把书放下，

因为这是最重要的步骤，而且不可或缺，

它会让你更容易迈向断绝关系之路，

那就是，分手之前，必须先“不爱了”才行。

关于“不爱了”这个方法，

你要以电力公司断电那样的速度，

马上终止关系，

或者用渐渐疏离的方式来进行，都可以。

无论你是采用哪一种方式分手，

只要最后的结果是：爱情归零，

那就算是成功了。

现在就骄傲地断绝你和他曾经拥有过的所有美好，

让你的心犹如损坏的蓄电池，

再怎么用爱来充电，都无济于事。

只要你做到了这一点，那么其他方法就简单了。

02
宣示所有权
my
my
my
my
my

这方法适合刚刚交往的甜蜜恋人，
现在正是说东不敢往西，叫他站绝不敢坐下的时期，
不过，也是分手的好时机！
趁这个时候赶快找机会退货。
想趁现在分手的话，
那么你就要马上以占有者的姿态自居，
黏着他寸步不离，好像小鸟赖着鸟妈妈不放！
“你去哪里？我也要跟！”“你做什么？我也要！”
你不用管这么做是否恰当、是否礼貌，管他呢！
切记，千万不要放过任何宣示“他是我的！”的机会，
也别忘了要“霸道”地以拥有者的身份，
恐吓任何想接近他的人。
另外提醒你，如果遇到这样的情侣，
那么也请你为自身安全着想，
绝对不要乱碰被占有的那个人。

＊如果想为效果加码，
可以在他的随身物品上贴上两人的大头贴，
再以“这样你才不会忘记人家嘛！”作为理由。

03
什么都要知道
GAME SHOW
?
?
?
?

“阿曼，明天你要去哪里……

“喔，那为什么要去呢？”

“那位大哥是谁？……那为什么他要你去呢？”

“那……为什么他不能这样那样做呢？”

“那……结束之后你会直接回家吗？”

“还不回家是吗？那……你还要去哪里呢？”

“买礼物给妈妈？那……要买什么？”

“哪一天？为什么要买啊？”

“那……买好之后要马上送给妈妈吗？”

“怎么样？在哪里？然后呢？和谁？”

“你回答我啊……你说呀……你说呀！”

我实在是太欣赏你了！你真的太赞了！

如此完美地表现着这个分手方法的精髓！

这个方法就是要让对方感到困惑，

不明白你们到底是男女朋友，

还是电视闯关问答的最后一关。

建议：若与第 17 个方法并用，效果将会加倍。

04 不给自由

想跟朋友去喝酒？你想得美！
和公司同事一起去沙美岛玩儿？
不行，沙美岛那么危险。
要跟爸爸去逛百货公司？
不行！那家百货公司你只能和我一起逛！
过年时要跟妈妈去中国旅游？怎么可以！
你怎么可以留下我一个人！
过年当然是要和我一起过啊！
你没填“老婆核准申请表单”！
当然不准去！
不核准！（在他的额头上盖上红色“退件”印章）

很好，照这样把他像狗一样地锁起来，
然后再像是遛宠物狗一样地牵着他走，
保证，时间一久他就会乖乖地跟你走。

建议：若与第 30 个方法并用，效果会加倍。

05
紧迫盯人
TOILET

相爱的两个人一定要紧紧地黏在一起，
无论去哪儿都要出双入对，绝不单独行动！
要黏到连成双成对的油条都替你感到不好意思！
如果他说想要跟朋友出去玩儿，
可以！但是一定要有你陪在他身边，
这样可以显示你的身份多么不同。
一旦他要求“个人空间”的时候，
不用犹豫，马上质问：“你是不是要去找小三！”
之后再冠上七七四十九个罪名。
如果对方以 Pause 乐团*中，
一首歌名为“空白”的歌词来反驳你：
“以中间的空白作为等待，让你能够追随梦想……”
那你就要马上撇嘴，再冠上一条罪名：
“你变了！你不爱我了对不对？！”
这样就能将你的恋情送往危险的境地。

建议：若与第 8 个方法并用，效果会加倍。

---

* 译注：泰国乐团名。

06 难伺候

CHECK
0 3 6 9
ANNIVERSARY CHECK
12 15 18 21
CHECK CHECK
24 27 30 33

"如果要跟我谈恋爱，早晚要接送我哦，OK 吗？"
"无论如何都要接送哦，OK 吗？"
"每个月都要带我去血拼和做 SPA 两次，
每个星期都要送我超炫、有创意的礼物作为惊喜，
而且价格不可以低于三千块喔……"
"另外，周末要带我去新的地方玩儿，
这些地点一年内都不可以重复喔！
而且电话如果响了三次不接，那就是不爱我了，
如果哪一天没有打电话给我……这就不用说了吧？
不要问！我不想告诉你会发生什么事，嘻嘻！"
（甜美的笑容）

什么叫作难搞？
那就是——交往之前先交给他一本
复杂程度可以媲美汽车使用手册的恋爱手册，
这两者的差别只在于车子到了保养期限，
拖个一两天不会怎么样，
但如果没有准时带她去 SPA 可能会没命！

07
人家想要这个啦

每当一起逛百货公司时，就找借口向他讨礼物。

遇到像是：第一次牵手纪念日、情人节、

圣诞节、中秋节、泼水节*等等的，

就更要逮住机会要这要那。

如果没有特别的节日，那就自己掰一个吧！

如果一时想不到，就任性地说：

“人家好想要这个喔！”

（无论他有什么理由，这句话对任何情况都适用。）

即使他穷到早晚吃泡面度日，头发都掉光，

即使知道他只能吃白饭配酱油，也不要放在心上。

你就开口，要这个，要那个，要个不停。

因为唯有如此才可以表示他对你的在乎。

建议：若与第 24 与第 91 个方法并用，效果会加倍。

---

* 释注：泰国传统新年，逢每年四月十三到十五日，共三天。

08
不信任
……
……

在心里默念着“信任”是悲剧的开始，
你要相信这世界上所有人都是说谎、不诚实的，
当然也包括他，他肯定正在装老实，
假装乖得像狗一样地骗着你。
想想看，他只是嘴上说：“我爱你。”
但你又怎么知道他心里在想什么？对吧！
嘴上说是跟朋友出去，
实际上是偷偷跑去找不知道编到几号的小三了，
他看起来清澈单纯的笑容，
也许暗藏包裹着欺骗的毒药也说不定呢！

就像政治人物总是说：“我会为民服务。”
“投我一票，选上后我一定会怎样怎样……”
事实是，你要做好随时会被他背叛的准备，
随时注意那藏在他背后可能会捅你一刀的利刃。
在他可能会去的地方，先装好监视器来监视他。
记住，对他可千万别有松懈的时候。

建议：若与第 5 与第 10 个方法并用，效果会加倍。

09 女朋友还是老妈？

想想以后如果结婚生子。
也是为人父、为人母了，
现在先练习怎么养孩子也没什么不好，是吧！
你可千万别误会！
我不是要你赶快和另一半有爱的结晶，
而是要你把另一半当成孩子来养，
好替未来会发生的状况做准备。

就把自己当作他的严父或慈母，
照顾他、养育他、煮饭、买食物、给零用钱，
以及好好地教导他。
哪一天表现好就多给一点零用钱，
哪一天表现不好就抓来打屁股，
用“孩子啊”来称呼他，
让他搞不清楚——
究竟我们是什么关系？
到底是男女朋友……

还是母子、父女？

10

疑心病

这个方法使用如下：

“快说！你衣服上的头发是谁的！
小三？狐狸精？干妹妹？”

“这个 2003 年的 CK 男性香水是谁的？
你是不是偷偷跟谁约会去了？”

“告诉你，我已经在你车上安装卫星定位系统了，
随时都可以查勤！
来！手机给我，我要装定位软件！”

“你昨天不是说要去买东西吗？
刚刚我去问那家店，他说你没有去啊！
是不是跑去找小三了！你回答我啊！
马上给我装测谎仪！快装！你听到了没有！
你为什么心跳得这么快！
是不是对我说谎了？你说、你说啊！
快！回！答！我！”

建议：若与第 8 与第 11 个方法并用，效果会加倍。

11 爱吃醋

你一定要对所有靠近你另一半的人有戒心，
不管是男是女、是老是幼，
都要防备就是了！
现在的人啊，怎么可以信任呢！
外表看起来老老实实的，
但是什么时候会把他抢走你都不知道！
新闻每天都可以看到超多横刀夺爱的例子，
你看！这就是信任他、不吃醋、不管他，
最后失去他的悲惨下场。
要是他办公室招聘新人，来个长相不错的，
或者他与谁的交情突然变得异常好，
那就是他有不肯说的秘密的信号了，
告诉你，七天内肯定出事！
你一定要当机立断，斩草除根！
尽情尖叫以表达你的醋意……

虽然这样的“未来式”还没发生。

建议：若与第 10 个方法并用，效果会加倍。

12

急着规划未来

“亲爱的，我们的婚礼安排巴萨诺瓦风格好不好？”
“所有的音乐都用……咚……嗒……咚……嗒……
这样子的节奏喔（还要一边唱一边跳舞）。”
“捧花要用我喜欢的香水百合，因为它代表纯洁……”
“婚宴我想用西式自助餐，
这样宾客可以边走边吃边聊，自在随兴些……”
“然后啊……我想生两个男生……两个女生……”
“生孩子的顺序一定要先是大哥再是二哥，
然后大妹，最后是小妹，最好每隔两年生一个……”
“这样孩子们才会有伴儿，哥哥也可以照顾妹妹。”
“我想我应该不用担心老了之后的退休金，
毕竟到那个时候的积蓄也够多了。”
“另外，老了可以养狗来排遣无聊，
孩子们只要每个月来看我们一两次就够了。”
根据以上的对话，
请问你们已经交往几个月了？
……

其实，也不过才两个星期。

13

黏在一起

两人甜甜蜜蜜，甜到连白砂糖都要替你们感到害羞。
言情小说封面上的大帅哥配气质美少女，
都已经让人感到超级恶心了，
没想到，你们比他们还要恶心数十倍。

不管到哪里你们都要甜蜜地拥抱在一起，
两人的影子差点就要变身合体！
在公共场合中，
卿卿我我好像全世界只剩下你们俩。
彼此用筷子喂对方吃东西，
一点都不在意别人的眼光，
（更厉害一点的，就直接帮对方咀嚼吧！）
以阿那达、达令、北鼻等超亲密的称呼叫对方，
相信慢慢地朋友们会一个个离开你，
因为实在是太让人反胃了，
然后再过不久，
你的他也要受不了了。

14 迷恋并非爱恋

爱恋与迷恋，这两个玩意儿很像，
但它们其实不一样。
迷恋，就像是收到礼物时的惊喜，
像年轻时的初恋，
更像小朋友刚得到小狗做礼物一样，
要用力抱啊亲的，连狗狗都受不了。
因为它对小朋友而言，
是从没拥有过的新“玩具”，
但是很快地小孩就玩腻了，
小狗马上沦为家长的负担。

所以你试着分辨看看，
你对他的感情，是迷恋还是爱恋，
如果只是暂时的迷恋就没有关系，
但如果真的爱上了……那你就错了！
赶快翻回去读第一个分手的方法，
这样就会再度让你激起想和他分手的念头。

15

兴趣大不同

你喜欢这个，我喜欢那个；
你喜欢听西洋音乐，我喜欢听流行歌曲；
你喜欢看电影，我喜欢看书；
你喜欢海，我喜欢山；
你喜欢艺术，我喜欢科学。

一开始我以为我们在一起后，
可以包容彼此的习惯、兴趣，
觉得两个不一样的人在一起，也挺有趣的，
因为可以从彼此身上学到不同的事物。

但是时间久了，我却发现我们合不来，
我一直希望你能为我改变，但是你都没变！
所以我仔细想了想：
“我还是觉得我们差太多了，并不适合在一起！”

你想分手的话，
这其实是一个不错的借口，值得一试。

16
旧情复燃

想跟新恋人分手，但不知道怎么分，是吗？
告诉你其实你可以回头去找前任情人！
如果你觉得这方法不错，那就回头找他吧！

打打电话、发发暧昧的微信、偷偷约见面，
时不时地表现出很想念前任情人，
做出茶不思、饭不想的样子，
然后看到现任情人就不断地长叹，
并且无来由地对他发脾气。

想想，电影都可以有续集了，
你和前任当然也可以！
所以马上和现任情人提前结束也没关系！

这就好比电影结束时，
片尾的演员表都还没上，但大家都散场了。

17
调查他的过去
SEARCH

完成旷世巨著《孙子兵法》的孙武，曾经说过：

“知己知彼，百战不殆。”

事实上情场如同战场！

所以这句话在这里也适用。

无论想跟谁谈恋爱，都必须先了解他的过往。

要是在谷歌大神里搜寻他的名字还无法满足你的话，

你可以进一步雇用私人侦探，调查他的过去，

留起来可以当以后的证据。

如果对方指责你不尊重他的隐私：

“这样暗中调查，也太不给面子了！”

那就拿出你的绝招，告诉他：

“不做亏心事，半夜不怕鬼敲门。”

“喔，你这么担心，是因为有不良记录吗？”

“是不是有搞大别人肚子的记录，说！”

相信他会因为不耐烦而放弃与你争论，

什么都不想说而不了了之。

（此方法的效果可达到造成深层的伤口，

让你在未来如愿地分手。）

建议：若与第 3 个方法并用，效果会加倍。

18 不敢公开恋情

谈恋爱就像培养新艺人，
如果还没准备好就公开，
那也只是让你丢了面子。
所以何必在亲朋好友、远亲近邻面前丢脸呢！

就直接对他说：
“我觉得彼此的关系还不够稳定，
先不要让别人知道我们在交往吧！”

然后要记得对他实施以下方法：

出去逛街的时候，麻烦你不要走太近！
出去吃饭的时候分桌比较好，不然被熟人遇到就惨了。
我的朋友？你不用认识啦，干嘛要认识呢？
要和我一起出席活动？
不用啦，我还不希望别人知道咱们的关系！
超丢脸的！

19

我行我素，不因恋情改变自己

为什么大家都会这么想：
谈恋爱就要替对方着想。
为什么要这样呢？
我想做什么，想过什么样的生活，
那也是我自己的事，不是吗？
反而是他，想跟我交往，就得听我的啊！

所以千万不要让恋情来拖累、打乱自己的节奏，
造成生活不安宁。
还没交往以前是什么样的人、
有着什么样的个性，继续保持下去就好。
不必为了情人改变，因为那实在是太累了。
对方才是必须改变自己的人，
要了解我、听从我，
然后被我拖着走，不准有一点儿反抗。
要做我的另一半，就要懂得忍耐，
知道吗？

建议：若与第 36 个方法并用，效果会加倍。

20

相信外人说三道四

第一手、第二手、第三手的信息，
谁是最值得信赖的？
在这个分手方法里，
我可以告诉你最正确答案就是：第三手。

你要明白，“外人”才是最值得信赖的！

当你的阿姨、大婶、隔壁王太太来嚼舌根儿的时候，
你要相信、记住他们的话。
“前几天我看到你男朋友和一个女生逛街，
你可要小心了。”
“我看到你女朋友和邻居哥哥牵手喔！
你被戴绿帽子了都不知道！”
听到这些话时，你一定要认真地把它放在心上。
因为，旁观者清嘛！
不管怎样，外人一定都看得比自己清楚，
记住，不是相信我，也不是相信他，
相信别人才是正确的选择啊！

建议：若与第 82 个方法并用，效果会加倍。

21 小心眼

一旦发生让你不高兴的事情，
或是发现他有不小心忽略你的时候，
这些都要马上牢牢地记住。
当这些小事情慢慢累积起来后，
就要像神经病一样对自己说：
“他不爱我了，他不要我了。”
记得还要嘴角略撇地蹲在阴暗角落孤独地画圈圈。
（就算他见不到，你也得这么做。）

为了让这方法的效果更加显著，
嘴巴还要说着那些自认可怜的人常说的经典名句：
“是啊！我就是 __________”
（空白处请自行填上喜欢的字句，
像是：不够漂亮、不够帅、穷光蛋、
没本事、没有他那么好、老子穷、飞机场、
豆花脸、没博士学位、
长得又不可爱……）

建议：若与第 66 个方法并用，效果会加倍。

22

一直要情人关注

“亲爱的你看，公司举办征文比赛我拿第一名喔……”

“你看看啦，快看看嘛，什么？你说有工作要做！
先等一下啦！先看人家啦！”

“干吗不理人家，你看人家的字漂不漂亮？”

“你看看啦，你理人家一下啦！”

“你看，他们还把访问我的报道
登在公司的刊物上喔。”

“你看，人家的妆画得多漂亮，
不过他照片拍得不好，把人家右边嘴角拍歪了。”

“哼！你看啦！（把刊物贴到他脸上）
干洗店居然把人家裙摆第三折给烫歪了！”

“你看、你看、你看啦，你读、你读、你读嘛，
注意人家一下啦，干吗摆那种臭脸啦！”

“你……觉得我烦了吗，
哎哟，先别去看电视啦，你理一下我啦！”

（走到哪儿跟到哪儿）。

23
什么都想管

既然是男女朋友了，那两个人当然是一体的啦！

所以知道对方的所有事情又没有什么，

像是身份证号码、健保卡号吗，

或是办过什么卡，额度多少之类的。

“虾咪！这个意外险（顺手拿起保单来看），

断小指只能领五万块而已，很不划算哎！”

“还有穿什么牌子的内裤、几号、四角裤还是三角裤？

前几天我送给你的呢？今天为什么不穿？”

（所以你已经偷看过了。）

“驾照什么时候过期？名下有什么财产？”

“不动产在哪里？目前市值多少钱？”

“通过什么中介卖掉最赚？”

“电子邮件密码是什么？

微信密码是什么？都给谁评论点赞过？

信用卡密码是什么？

哎呀，他设定的密码好难记，帮他改掉好了。”

做这些事情又没有什么不好，因为我们是男女朋友啊！

（天经地义）。

24 都让对方付钱

无论是下馆子、逛街都要**假装忘记**带任何的

钱包、现金卡、信用卡，

哪天不小心带了信用卡，就装作拿错卡，

“啊！这是我家人的卡不是我的（附带无辜的笑）。”

一起用餐时，发现有小零钱遗漏在口袋或包包中，

也要假装没发现，

尽量找各种借口不付钱，

每次都用以下的句子作结：

“啊！今天又忘了带钱，你先帮我付喔！

下次我会自己付钱的。”

（而所谓的下次，大概是下次日全食的那一天）。

喔！可别误会了，有些人认为“不付账”是女性专利，

其实男性朋友一样可以执行这个方法。

而且效果强了好几倍。

建议：若与第 7 与第 91 个方法并用，效果会加倍。

25 说随便，其实一点也不随便

他：宝贝，这星期六去哪里好？

你：随便哪里都好。

他：那去新开的那家百货公司吧！

你：不要啦，车很堵哎。

他：那去逛市集好了！

你：不要啦，那边好热。

他：那去美术馆好了！

你：你有没有有创意一点的，看艺术好无聊的。

他：三里屯？国贸？

你：不要啦，上星期才去不是吗？

他：那待在家里吧！

你：喔！你打算都不带我出门吗？我很无聊哎。

他：那……那……那我们去慢跑运动一下？

你：平常上班就够烦人的，而且累得要死，

周末还要那么累喔！你用点脑子行不行？

（十分钟后）

他：好，我们敲定地点了，那吃什么好呢？

你：随便什么都好。

他：……

26

太多秘密不让对方知道

每个人都有不希望被别人知道的秘密，
就连大家公认的所谓“光明正大”的人，
也会有不想被别人知道的灰色角落。
所以，谁说他一定要知道我的每一件事？
是他要和我在一起，我当然要知道他的所有事！
但是，他凭什么知道我的事？
“麻烦你尊重我的私人空间好吗？”
就跟他这么说吧！
装作老是有啥事都瞒着他不说，
即使说了又话中有话，暗藏玄机。
把全部的秘密都锁进保险箱，
然后将可以开启保险箱的钥匙丢进大海。

有人说过，人总是对未知的事物着迷，
越是神秘，就越想寻找答案。
所以有一天他不想再寻找你秘密的答案时，
就表示他会如你所愿地离开你了。

27
爱假装

请在以下六个假面具中选出符合你特质的三个。

第一种假面具：对冷笑话假笑。

“嘻嘻，好好笑喔，阿公不就是阿婆的情人？超好笑的，赞啦！”

具有这种特质的人，我可以跟你说，

艾美奖最佳音乐喜剧一定非你莫属啦！

第二种假面具：假装很喜欢原本就讨厌的事情。

“喔，我很喜欢爬山呢，呼、呼……”

（内心暗骂：他 × 的！）

第三种假面具：即使万般不同意也要表面附和，

然后在背后碎碎念个不停。

第四种假面具：假装温柔可爱，仿佛甜心教主，

但其实内心充满了来自地狱的全套三字经。

第五种假面具：明明自己的品位很大众化，

却要假装自己特立独行。

第六种假面具：明明自己是特立独行的人，却要装作很大众化。

好比：“昨天八点档，哇，超精彩的，女主角终于发威了呢！”

（事实上，当时正在看动物星球频道的土狼传说。）

所以，选择一个符合你的面具，

并将它发挥得淋漓尽致，最后就会如你所愿地分手啦。

28
过了蜜月期便原形毕露

话说交往中的情人，都有一段甜蜜到不行的阶段，
这就是传说中的“蜜月期”。
就像是直销公司一样，提供无微不至的服务，
来引诱新手的你当直销下线，
但是在爱情关系中，我们衡量对方是否认真，
应是在交往一段时间之后，
那时我们开始习惯对方的存在，从脸红心跳到心跳变慢。
就趁这个时期，来个一百八十度大转变，翻脸不认人吧！
以前早接晚送，就算只是走到巷口也要送一下，
现在随便她在外面淋成落汤鸡也不在乎，
或是让她自己走阴暗巷弄回家。
以前有哦、嘻、嗯、呵这样装可爱的语气助词，
现在变成问候他爹娘。
以前天天请她吃豪华大餐，现在是账单给她付。
以前什么都说好，现在眼神凶恶得像仇人一样。
如果她开始穷追猛问：“为什么你变了？”
那就跟她这么说吧：
“您的‘蜜月’方案已到期，请接受现实，
要重听请按一，分手请按二。”

建议：若与第 80 个方法并用，效果会加倍。

29
要求可以拥有小三

有些喜欢引用其他宗教习俗的人常这么说：

“其他宗教信仰都可以容许男人有很多个老婆啊！”

那么这个方法是再适合他不过了。

假如你身为佛教徒，那也不要介意触犯佛教里的第三戒*。

谁规定人类一定要跟鹤一样专情呢？

谁说一生只能钟爱一位情人呢？

应该要利用这个机会，

在全国每一县、市，每一小区，

都有小三、小四、小五……

因为拥有小三，

可是人类在社会学和生物学上的重要交流活动！

这真是光耀门楣，名留千古的一件好事啊！

建议：若与第 34 与第 89 个方法并用，效果会加倍。

---

* 译注：佛教五戒中的第三戒为不邪淫。

30 狂打电话给对方

我们生在多媒体的时代是多么幸运的一件事，
每个人手上都有一部手机，有些人还不止一部呢！
所以每五分钟就打一次电话给他，
向他人宣告：你就是他的主人。
然后尽情享受热线你和我，
搞到他连工作都做不了，那就更好啦！
万一他生气了，就说：“那全都是因为爱你呀！
我会想知道所有关于你的事情啊！
我还打算去广播电台租个频道，给你和我专用呢！
亲爱的先不要挂断啊，我不是买了蓝牙耳机给你用吗？
那就一直讲八个小时直到你下班见面为止吧！
哎哟，你说不好吗？
可是要这么做我才会觉得我们形影不离啊！
而且就连你上厕所也不能挂断喔，
因为这个我也想听听。”

嘟……嘟……您拨打的号码，已关机。

建议：若与第 4 个方法并用，效果会加倍。

31 和情人的家庭不和

这个方法的精髓，
已经多次在八点档电视剧里完整地被展现出来，
若身为读者的你无法想象，
那么在晚间新闻后别急着关电视，
接着观赏所谓的八点档电视剧吧！
看看戏里男主角或女主角很狗血地被陷害，
不断被对方的家庭成员阻挠他们的恋情，
这时候，或许有一些脑筋清醒的观众就会想，
这样子换来的真爱是否值得？
他们也许还会想：
为什么男女主角要忍受这种来自对方家庭的压力？

管他呢！在乎这些干什么？
快快声明你不打算和他的家庭扯上任何关系，
并且宣布你拥有他所有的权益。
表现出与他爸爸、妈妈、兄弟姐妹全都不相干，
先下手为强表明自己的立场。
因为现在不处理，以后就得永居下风了喔！

32

爱屋不及乌

在所有的关系之中，除了对方的家人，
像是爸爸、妈妈、兄弟姐妹等等之外，
另外还有一个让人觉得麻烦的，
而且还和他有关的人际关系，
那就是宠物这类的拖油瓶，还有他的狐朋狗友。
这些都会打扰到你们俩的甜蜜时光，
还会演化成爱情的绊脚石，
阻碍了你们的幸福，
影响了他原本应该要给你的爱情份额。
而且明明他已经有你了，
应该不再需要这个世上的任何一个人才对，
如果他还有需要，那就请他去跟那些阿猫阿狗结婚吧！
请他不要来烦你。
那如果他还不放弃，死缠着你，
依然希望大家能够和平相处，
那你就翻到别页，使用其他方法来分手吧！
想办法对他洗脑，改变他的这个想法，
以及最重要的：让他决定离开你。

33

没有多余的时间分给他

我每天都有那么多的事情要忙，
还要挤出五分钟、十分钟来跟你谈恋爱，
是你祖上积德，你知道吗？你干嘛还要求那么多？
为什么你还要说：
“都没有时间给我，为什么都在做别的事？”
我问你，你真的没有看到我在忙吗？
我还要跟小洁一起去吃糖朝，
现在还在 SPA 馆里忙着修脚趾甲，
今天晚上还要跟小沛一起去血拼最新一季冬装特卖会，
哪里有时间浪费在一些没有意义的……
像是谈恋爱这样的事情上！
为什么你就是这么不讲理！
很烦啊你！

建议：若与第 94 个方法并用，效果会加倍。

3 4
招蜂引蝶

孔雀开屏，是多么的吸引人啊！
帅哥、美女当然也有同样的吸引力，不是吗？
大自然创造出美丽的事物就是要让人欣赏，
不是给人埋没在泥沼里的！
“哎哟，所以我说我只不过抛个媚眼，
让体内吗啡和费洛蒙稍微分泌一下，
你有什么好大惊小怪的？
而且偶尔刺激一下肾上腺素分泌，对健康有益耶。
所以你要了解，
我做的这些都只是荷尔蒙的把戏罢了，
而且‘现在’我又没有做什么不得体的事情，
你不要这么激动好不好？”
（但这也只是“现在”喔……）

建议：若与第 29 与第 69 个方法并用，效果会加倍。

35

爱和别人比较

人类本来就是喜欢比较的生物，
我们从幼儿园开始就被教导，
两颗橘子不如三颗橘子，
五颗芒果，一定比两颗芒果好，
所以我要把这种学来的观念，
用在拿别人的矛盾和自己的做比较上，
其实一点错也没有。
而且最好要边比较边大声说出来，
因为这都是为了让另一半好好反省。
该怎么做呢？给你举一些例子吧：
“你看看，小洁男朋友的薪水一个月二万块耶，
你要做四个月才可以跟他一样呢！”
（拿出计算器不停地按、按、按。）
“婷婷她老公好帅喔，都四十几了身材依旧挺拔，
肚子小腹都看不到，真不像某人那……”
（以鄙视的眼神向下望）。

真是够了，别人总是比较好。

建议：若与第 63 个方法并用，效果会加倍。

36

只关心自己

不管情人来跟你炫耀他升官或中大奖，
无论什么事情，你都要觉得跟你没有关系，
因为那不会让你名下财产变更多，
不管他再怎么成功，
只要最后没有跟你结婚，其价值都等于零。
因为他没说过半句要把财产分给你的话，
假如他有说过要分给你的话，那就再说吧！

所以，打断他那些炫耀、中大奖、升官的无聊话，
你要用今天发生的大小事取代，说得越详细越好。
就从一早复印机坏掉好辛苦之类的，
到与同事聊天儿的内容，像是今天点心是花生米，
公司的打扫阿姨明天要洗冰箱了，等等。
这些才是值得被倾听的，而不是什么他升官那类的。
绝对不要让他有张开嘴巴的机会。

就算他表现出很疲惫的样子，都不要管，
因为你的事才是最重要的事，不是吗？

建议：若与第 19 个方法并用，效果会加倍。

37
啰嗦

若你是个善于观察的人，
那这个分手方法是最适合你的啦！
你所要做的，就是检视他身上的所有细节，
然后把所有的缺点都列举出来，就连小缺点也不要放过，
像是：耳屎多、痣上有毛、咳嗽声难听到爆，
要一一指点他，顺便把改善方法也告诉他，
如果他不满地顶你几句，那就这么顶回去：
“如果不爱你才不会跟你讲，换成别人哪会直接跟你说啊！”
就算他觉得你啰唆，你也不要在意，
继续把注意力放在他的每个细节上，
并且一直重复讲，讲到他每一项都改善了，
如果一切都改善了，也千万不要停下来，
要继续寻找其他缺点，然后再不断地碎碎念。
如果你想不出来要念什么，那么我提供几个主题给你参考：
工作、学历、经济、开车习惯、说话习惯、
家庭、朋友、朋友的朋友、宠物、房间装饰、
整洁习惯、阳台盆栽、爬进厨房里的第三十八只蚂蚁、
天花板上 0.14 微米大小的污渍，等等，等等，等等等！

建议：若与第 40 个方法并用，效果会加倍。

3 8
家丑外扬

在这个分手方法中，
我提供个范例给你做参考，如下：
“张姐（住隔壁的阿姨），
我啊，真是累死了…
因为我家老头子一回家就把内裤挂在楼梯上……
我好说歹说要他不要这样挂着，
因为他内裤超级脏的……”
“什么超级脏啊？”
“哎呀，还不就是男人嘛，啊就……那个嘛……
我都跟他说了上厕所的时候喔……对啊对啊……
安啦！他不知道我会跟张姐你说这些啦，
啊你可不要说出去喔……
啥？你要去跟阿曼说啊！
好啦好啦，但是只有我们知道喔……
不要讲得太明显喔！
不然我们家老头子会不好意思，嘻嘻，
还有很多更不好意思的事情呢！
不过等下次好了，先等我把衣服晾完再继续聊。”

3 9
外丑家扬

在这个分手方法中，我一样提供个范例给你们作参考：

（继上页发生的事情）

“亲爱的你知道今天力婷姐讲什么给我听吗？

就是她家老头子啊，睡着之后会说梦话，

简直跟弱智一样呢……

而且还会吃自己的手指头，不穿裤子在外面乱跑……

啥，你不想知道喔，

不行，先听我说完，过来……（拉住她的衣服）。

而且啊…前几天她家老头了不是只有梦游那么简单……

听说还跑到小区游泳池里，没穿衣服在游泳，

害得警卫要下游泳池把他捞起来……

而且那座游泳池还没换过水呢！

啊！对了，你今天刚去游回来不是吗？！

那……应……该没关系吧……

你问我有没有跟张姐讲你的事啊

没啦……没多说什么特别的啊……

你……你喔……”

（眼神开始不安地转动）

40

爱抱怨

听起来和“啰唆”有点像，
因为我们通常都是听到大家这么讲的：“啰里吧唆爱抱怨。”
但是爱抱怨所用到的功力又比碎碎念低很多，
要达到啰唆，必须要拥有善于观察的特质才行。
（才能够找到缺点然后用来当作啰唆的材料。）
但是爱抱怨却只要你嘴巴不停地动就好了，
我举几个好像不断地抱怨，就可以让事情变好的例子，
例如：“热热热热热，热得要死了，还要继续热多久啊！”
（再多抱怨一点就可以变凉了。）
或者是：“累，累死人了，还要继续累多久啊！”
（再多抱怨一点，就可以消除疲惫，好像睡满八个小时。）
或者是：“好无聊，无聊，无聊，无聊死人了！”
（再多抱怨些，就可以不无聊，一切就会好起来。）
只要多用一些抒发情绪的抱怨词，
这个分手方法就可以简单地做到，
不需要学任何原理，效果就会奇佳无比，
你就天天这么做，保证不超过三个月，
对方就会麻木、冷淡，最后自动离开你。

建议：若与第 37 个方法并用，效果会加倍。

41 爱生气

如果你担心对方的生活太过平顺，
顺利到平淡无奇、毫无半点刺激，
那就试试这个方法吧！
让他的生活多点色彩，最好像一部惊悚电影，
然后把自己变成一颗随时会引爆的炸弹。

前一分钟你侬我侬，
下一分钟马上翻脸不认人，
前一分钟还在互喂蛋糕，
下一分钟就想拿叉子刺穿他／她的嘴巴，
前一分钟还在牵牵小手，
下一分钟想把他的手臂反折一百八十度。

让自己变得难搞，猜不到方向，
只要他踩到一点儿地雷，
或是一旦有小错误，甜甜蜜蜜的态度就立刻结束，
让他就像面临世界末日一般。

42

迷信

什么是迷信呢？以下这就叫作迷信。
您的今日运势（适用于所有星座）：
避免穿黄色、红色、绿色、蓝色衣服，
穿牛仔裤会胯下痒，穿裙子会遇到花心汉，
自行开车或乘坐私家车可能会发生意外，
身在公共场所可能会有恶劣心情！
今天金星和土星的运行轨道重叠，
所以要避免联系爱人，不然就会发生口角争执。
一个月前约好的事情，不要执着马上全都取消，
如果对方不满意生气了，那就把命盘解析告诉对方，
因为命理是全世界最应该相信的东西，
没有什么比它更准了。
科学与逻辑，才是些毫无根据的迷信。
赶快把家里值钱的东西变卖了，
来请师父帮你改运气、改风水，
请高明的算命大师可能贵了点，
但可分十期，利率很低，一天不过 10%而已。
这种事慢不得，
如果等到噩运降临就来不及了。

43
以貌取人

大家都说看人要看内在，不是外表，
可一堆人还不是追着帅哥偶像跑！
所以外在的长相和打扮依然是非常重要的。
你就对不注重外表的另一半摆出臭脸色吧！
嫌弃他上衣不搭裤子，内裤不搭外裤，内裤老爱外露不美观。
嫌她脸上画的妆跟不上潮流，
嫌她不肯去打肉毒素、隆胸、抽脂，
跟他说：“店家明明都推出清仓特价了，
身边的几套衣服都已经穿超过三个月，
怕别人不知道你就这么几套衣服吗？
而且衣服颜色赶不上当季流行色！”
反正都到这个地步了，
不如趁机用对方的信用卡去刷一些适合他和自己的服装。
要是她起床不化妆，看起来不够美就先别见面啦，
想见面的话，必须等到外表可以见人再说。
“要是哪天外表总分低于七分，请装作不认识我，谢谢。
要我和俗气的人走在一起，那真的是一件很丢脸的事！”
当对方脸上泛油光，给他 / 她面具遮一下羞吧！
如果对方生病看起来脸色很糟糕，
那就把照顾病人的任务交给护士！
等到对方痊愈脸色好似如沐春风，再复合重新来过吧！
最后，别忘了这条铁则：帅哥美女，做什么都没有错！

44

社交网站症候群

我们所在的世界，每天都以极快的速度在运转，
谁没有跟“云端”链接上就实在是逊爆啦！
大家都想知道我去了哪里、吃了什么、全套餐点有哪些东西，
所以菜一上来，就马上把它给拍下来传到网络上，
诱惑朋友的味蕾。（拍照技术好到令人叹为观止呢！）

如果不每五分钟更新一次状态，粉丝一定会坐立难安！
而且大家都想知道网友最新最犀利的“名句”，
然后一想到新的句子就要马上抓起手机，快速上传更新，
接着还要每三十秒更新看看点赞的人数有多少。
如果不能“随时上线”，那还申请脸书、推特、Hi5、
Google+、四方广场（Foursquare，社区论坛）、
Gowalla（社区论坛）、Goodlife（团购网站）、
Line（手机通信应用软件）、WhatsApp（交互通信软件）、
Path（手机软件）、LinkedIn（社区论坛）的账号干什么？
社交网站就是要给你贴文、贴照片、更新状态用的，
不仅要看，还要点赞，分享每一个时刻，这才是正确的打开方法！

“啊！你什么时候来了？六个小时前就到了吗？
真是不好意思，我没注意到你来了呢！
我刚好在分享贴图，你等我一下，
我先更新动态告诉大家说：你已经来了。”

建议：若与第 98 个方法并用，效果会加倍。

45

不让他说话

有一句英文谚语说："沉默是金。"
如果要翻译成类似的意思就是：安静就是好事。
（当然啦！这是指对方安静哦！）
在你们两人之间，有权力开口说的是你，
对方只有点头说是的份儿！
而且不准有半句怨言。

"不想听话是吗！
那就给我小心点！什么！还敢动嘴！
那么想说话吗？
那就说说看吧，嗯？什么？
如果你要说的是这些，
那不如安静坐好，要不就滚远一点儿吧！
哼！你很烦耶！"

如果你的另一半不是聋哑人士，
那这个分手方法执行起来就完全不会有问题了。

建议：若与第 47 个方法并用，效果会加倍。

46

所有问题都已预设答案

你（突然对他）：你不爱我了吗？

他：啊……喔……（这是哪一招？）当然……爱啊。

你：骗人！那为什么我逛完百货公司你不去接我？

他：啊……我工作多，那天我有提前跟你说啦。

你：你觉得工作比我重要吗？

他：没……没有啊。

你：既然没有那为什么不来接我，你说啊！
我知道你跟以前不一样了，我说得对不对！
你变了，你这样做是什么意思，你是不是有别人了，
是不是希望我难过？你回答我啊！
算了，你不用回答了，我已经知道答案了，
我知道，我了解，这一切都是我自找的，
你认为已经尽力对我好，这是最好的了是吧？
所以我该走了对不对？你已经打算离开了对不对？
你不来接我，不像以前那样疼我，
是因为我们的感情变淡了对不对？
如果是这样，那我会走，
你不会因为我的离开而难过对不对？
我看答案是肯定的吧，再见，不用主动联络我。
哎……反正你也没有想过要联络我了，对不对？

他：……（心理 OS：老子我就要在这最后一个问题说“对”！）

47

自我感觉良好

无论他说啥，都先用高分贝的音量响应他、抵制他。
要相信自己是世界上最好、最完美无缺的。
怎么可能会有人批评你或要你改善！
这是不可能的！是不是！
那些说你不好的，其实是他眼光不好吧！
就算很多人说你很糟，也别在意，
因为你就像钻石，要挑对角度看，有光的折射才美，
如果挑错角度，却反过来责怪你，这样也不对吧！
相信你说出去的话，肯定都经过深思熟虑了。
所以那些批评的话都是针对别人的，
毕竟你这么高贵完美。

有句话说“批评是为了改善”，
这句话绝对是针对那些平民百姓，
那些不像你这样有智慧的人，
麻烦他们回去照照镜子，
把自己看个清楚再出来混吧。

建议：若与第 45 个方法并用，效果会加倍。

48
洗脑

古人说：你想要什么东西，就要尽其所能地得到，
无论用多么糟糕的方法都行。
即使天天求神还是求不到，那用一些巫术也无所谓，
反正，一定要得到就是啦！
好比说你想要他做一些改变，
但是，说了很多次他还是没有任何反应，
那我们就要想办法来给他洗脑，
让他能变成我们想要的样子，
我们要慢慢地改变他，
不要让他察觉我们正在设法改造他。
要像小狗训练师一样地训练他：

做对了——给他食物。
做错了——惩罚他。

切记，在训练他的过程中要按部就班，
这样我们才能得到全新的他。
（假如被他发现你在偷偷给他洗脑而逃走，
那就找一个新的爱人洗脑吧！）。

建议：若与第 58 个方法并用，效果会加倍。

49

不接受事实

“会觉得我不帅不漂亮，
那肯定是这个世界的审美标准出了问题！
不然就是镜子做得不好！”
“如果我量体重数字变多了，那肯定是磅秤坏了！
什么！你说磅秤是按照 NASA 的标准制造的？！
拜托！谁说 NASA 就一定不出错！
他们不知道炸坏多少艘航天飞机了！”
“裤管在地板上拖，那也是裤子太长，
不是我太矮好不好！”
“上半身看起来很胖，那是因为衣服的版型不好！”
“你说我爱反驳这也不对！我哪里反驳你了！
你说啊！说我何时反驳你了！你说！”
“说我蠢？那是 IQ 的标准定错了吧！
一加一等于三没错啊！别人才是错的！
全地球都是错的！
大家都是错的！那不是真的！不是真的！”
（然后把拳头挥向镜子，镜子碎得满地都是）。

建议：若与第 51 个方法并用，效果会加倍。

50 喜欢出难题

每个特别的纪念日，

都是和爱人共同拥有的美好回忆，

重点是——可以自己创立！

就算对方没察觉，你也能突然问问题提醒他，

就像："考考你，今天是什么日子，嘻嘻！"

（后面的笑声才是关键。）

如果对方说："今天是什么日子呢？我怎么都不知道啊！"

那就在怪罪他不在乎你、不爱你、不关心彼此的爱情后，再跟他说：

"喔，今天是你第一次买泡面给我吃的日子啦！"

"是我们的泡面纪念日！你怎么可以忘了，这样不行喔！"

"你要买施华洛世奇（SWAROVSKI）首饰给我陪罪才行喔！嘻嘻！"

其他可以仿照这样创立的日子还有：

阿姨的生日、第一次吵架纪念日、两人在一起纪念日、

对方第一次迟到纪念日（还可以顺便提醒他）、

第一次手表不准以至于要一起去换电池纪念日、

族谱内第八十九个亲戚生日、

第一次一起尝试新食物纪念日……（美食纪念日）。

把问题出难一点，准备一本笔记本，

以便随时可以记下新的纪念日，

这样施华洛世奇水晶饰品"们"才会属于你啊，嘻嘻！

51

自恋

信心，不只是领导者的必备条件，
更是这个分手方法的重要条件。
所以无论何时都要保持信心满满的态度，
像是打从娘胎出生以来都没发生任何差错，
不曾犯错、不曾失误、不曾低潮，
就像全地球上的人都是你的跟随者。
在生活时尚上你总是引领风潮，和蓝心湄同等级，
市场业务方面，你也有着大师般的地位，
美食的话就更不用说了，肯定是美食达人。

“我的意见如此宝贵值得专心倾听，
而且大家还得满怀感激，
因为有机会听到我的字字箴言，
可要给老娘好好记着啊！”
（如果发现自己也有失误的时候，
不要管它，假装没这回事儿，
只要保持着绝对的信心，
剩下一切都会顺利的！）

建议：若与第 49 个方法并用，效果会加倍。

52

“Shopping”上瘾

你以为这个分手方法，
是像《购物狂的异想世界》一样吗?
才不是呢！那个女主角跟我比不过是小儿科罢了！
这个“Shopping”的程度比她高级太多了，
必须要 Shopping 到把每一张卡都刷爆，
还欠一屁股债，导致要卖车、卖房、卖地。
最后再加上“啊，我就是喜欢 Shopping！”这句话。
（用迷茫的眼神说话，这会帮助你解决所有问题。）

要是你对 Shopping 实在不在行，
那就找其他事情让你上瘾也有相同的效果，
像是：电视八点档、偶像剧、超级偶像选拔
（用手机投票，支持你爱的歌手至倾家荡产也没有关系，
未来巨星的命运正掌握在你手中呢！）、
爱买化妆品（每一季的每个新色号都要有）、
做头发（发型每三天换一次）、沉溺赌博（梭哈、
斗地主、炸金花、打麻将）……尽情上瘾吧！
疯狂到就连管教所见到你这副德行都要摇头，
并替你感到羞愧。

53

幼稚

这个分手方法呢，
光是装萌装可爱、拍照斜个角度展现孩子气，
或嘟嘴、嘴角吐舌头都无法让你当可爱教主当到爽。
所以除了外表以外，大脑里的思想也是很重要的，
跟我一起把年龄层向下调整，
学我一起用以下的语气和思考方式说话：
“为神摸你不跟以前一样，天天跟伦家一起吃饭饭啦……>3<”
“伦家想粗麦当当啦啦啦……
为神摸不买给伦家粗粗啦……不管啦啦啦……”
“你不去上班班可不可以嘛……”

“好懒喔喔喔……伦家不想去啦……不管啦啦啦…… T..T >.<”
如果你想要简单一点的，
那就上脸书观察时下年轻人的用字习惯，
然后完全模仿使用，
这样就能学会其中精髓，掌握此法了。

建议：若与第 97 个方法并用，效果会加倍。

54

远距离爱情

如果你还不能完全放弃他，
如果还是会不小心对他好，对他温柔，
在这段藕断丝连的感情中，
就让“距离”来帮你达成目的，
这也是个不错的选择。
想想，如果你在纽约，他在黎巴嫩、
或你在里约热内卢，他在永珍，
不然就是你在北部的清迈，他在南部的普吉，
用电话联络太贵，每次时间要精算，
如果是透过 Skype、Facetime，
万一网络不稳断线，就会心痛纠结。
总是一边遥望天上的星星，就一边想着，
他是不是也在三千英里外看着同一颗星星，
时间和距离将会化成一道阻碍你和他的高墙，
使你和他渐渐地分离，
最后换来的将是一张前往单身国度的通行票，
终于让你离开他了。

55
自私

“谁说在爱情的国度里，
无论怎样都要先想到对方？
才不是这样咧！
只有他才事事第一个先想到我！
你说是不是？！”
“还有什么叫五五分账我不懂，
是他要付全部的账才对！”
“要选两人方便的中间地点见面？！
不对不对！中间点是在哪里我管不着，
我只知道我就是中心点！”
“如果有一块蛋糕，
我肯分给他十分之一，他就要谢谢我了！”
“我肯委屈跟他在一起，他要感激不尽，
这大恩大德他十辈子都还不完咧！”
以上，
最好给我牢牢记住！

56 令人难以猜透

人家说：女人心，海底针！

若你是女人，又刚好想分手，
那就依照以下我所说的做：
你要像脱口秀名嘴口中说的——难搞女友！

若你是男生——输人不要输阵，
一样可以比女人更难搞，
让你情绪犹如海浪般地变幻莫测，
像是巨浪一下子吞没小舟一样，
说话拐弯抹角，条件多得让人难懂，
建立层层复杂的关卡，
令对方难以猜透你在想什么！

一起来做“难搞女友、男友”的最佳代表吧！

建议：若与第 59 与第 65 个方法并用，效果会加倍。

57 装高贵

即使你不是生在名流家族，
但是现在想要提升自己，
以符合与生俱来的高贵气质也还不迟。
请照以下的方法实行：
食物，才不能随随便便吃路边摊呢，哎哟~脏！
面店的椅子生锈了也不能坐，会生病的！
便利商店卖的普通牙膏算什么，
我只用从巴黎进口的专用牙膏！
要用一般人不认识的牌子，才是上流社会的表现，
用国产的商品，小心一堆细菌入侵哟！
居家用品至少要无印良品等级以上，不然配不上我！
一杯一两百（RMB25~50）的咖啡，啧，差点让我拿去洗脚！
平常我喝的一杯至少要三千块（RMB750）。
十元硬币掉了绝对不捡，
就连千元钞票掉在地上，我都还要犹豫捡不捡呢！
要是哪天看到男友穿五分裤穿夹脚拖鞋来找我，
我是一整天都不会理他的！

实行这个分手法不超过五天，
另一半绝对会渐渐远离，最后自动离开你。

5 8
控制狂

西方国家通常会称呼此方法中的人为：
控制狂（Control Freak）。
意思就是喜欢控制人，不合心意的时候就抓狂。

人生的目标已清楚地规划好，
要是谁敢阻挡，保证他出人命！
所以要随时掌控所有的变量，
以及一切事物的最新消息，
不然会浑身不对劲。
稍微有一点点不同就觉得这样不对，
所有事情都要和计划中的一样，不得有任何误差，
一点点范围也不能超出。
也要尽其所能地控制另一半生活中的每件事！

有人说过：
世界第一控制狂的另一半，什么都不用思考，
只要负责呼吸就好。
他过这样的生活已长达五十年之久了。

建议：若与第 48 个方法并用，效果会加倍。

59

爱钻牛角尖

这个方法要你发挥最大想象力！

试着将所有未发生的事情，都自己在空白处填空。

例如：他会这样那样，是不是因为我那样这样呢？

还是因为他不满我的这个那个还有那个这个？

我说出那样的话，他会不会这样那样想？

要是他不喜欢的话，他会不会开始那样这样做呢？

他会说出这种话，意思就是他开始有那样感觉？

要送他这个价钱的礼物够不够呢？

他会不会这样那样想呢？

他买这个东西回我礼，是不是有那个意思？

自行解读他的内心，就像进行着复杂的判读，

让每次对话都充满暗示与批注。

就算对方根本什么都没有在想……

你也要抓山羊混绵羊，抓奶牛混水牛*，

连空气都能当作编剧的材料。

这么做就是要让你处在自己想象、制造出来的不安中，

慢慢地你们的感情就会一点一点被侵蚀掉了。

建议：若与第 56 与第 67 个方法并用，效果会加倍。

---

* 译注：泰俚语，意指随便乱猜。

60

负面思考

我们生活的这个世界，
明明一切看起来都好无知、好灰暗，
奇怪的是，为什么那些乐观美好的文学作品，
却可以登上年度最畅销的排行榜？
基本上应该是灰暗、悲观、混沌的作品，
来主宰文学才对啊！
就照这样的想法走下去！
请当作自己正活在俄罗斯工业革命的时代，
在那种恶劣、寒冷的世界中孤独地拥抱与保护自己，
挂在你消瘦脸颊上的，是从未感受过快乐的表情，
觉得外面的世界就是如此冷酷，
就算许多人都想把爱情当作依靠，
却依然起不了任何作用，因为世界就是这么黑暗。
把所谓的希望之光都吹熄吧！
这样才能衬托这个悲惨的时代。

时间一久，
你心中的黑暗，就会帮你把身边的人全部赶跑。

建议：若与第 72 个方法并用，效果会加倍。

61
爱唱反调

这个不好，那个也不适合，
无论他说什么通通都要唱反调！
毫无理由地就是一定要唱反调！

讨厌那些大家趋之若鹜的流行，
就算自己心里是喜欢的，也要说讨厌就是了，
觉得大部分人选择的路，
一定都是拥挤，而且让人厌恶到想逃跑的。
大家说不错、很好的东西，都是不能相信的
——也绝对千万不要去尝试。
用力地唱反调吧！
任何别人所称赞的，
都要认为那些是不好的、不适合的，
然后对那些没有人欣赏的，要佩服得五体投地，
并且觉得这个社会都病了、傻了，
没什么是能相信的！
反正什么都和大家唱反调准没错，
就算赔了命也没关系。

62

狗嘴吐不出象牙

要将对方的爱一点一滴消磨掉的方法，

就是要用恶言恶语代替甜言蜜语！

像是："你明天要去参加赛跑吗？
那不要摔倒跌个狗吃屎丢死人了喔，嘻嘻！"
"最近工作很多吗？那不要过劳死喔，嘿嘿！"
"明天要谈大案子吗？可别和上次一样失败了。"
"如果又失败的话，我看你就用豆腐拍死自己算了。
还不是因为你太常这样了，呵呵，我不是说真的啦，
开开玩笑嘛，哎哟，你不要太严肃嘛！"
极尽所能用八婆的语气，像狗一样对他汪汪叫，
让他对你避之不及，
然后不断重复这样八婆的话，常常对他落井下石。
变成习惯后，哪一天你说话不嘴贱，
就会觉得自己是不是头脑有问题。
相信他的分手信，不久后就会到你手上的！

建议：若与第 87 个方法并用，效果会加倍。

63
爱拿新情人和旧情人比较

如果“喜欢拿情人和别人比较”这一招还不能满足你，
那么你就把交往过的情人都拿来比较一番吧！
保证会给他带来无比的痛苦。
你只要不断地对当下所有不满的事碎碎念，
然后再和过去甜蜜回忆做明显的对比。
（重点是要跳过前任的缺点不提，
另外，绝对不能提到任何分手原因。）
每次一说话的开头都用“早知道……”
“早知道就不跟某某某分手，
现在根本就没有比较幸福嘛。”
“早知道……唉……”
（要边唉声叹气边回头看对方，然后不把话说完。）
还要常常说到单身时的好处，再拿来和现在比较，
就好像塑身中心的广告一样，
有“使用前”“使用后”的照片一起做对比。
不断地重复对他说现在并不比以前好，
保证你们的关系会比原来的更恶化。

建议：若与第 35 个方法并用，效果会加倍。

64

爱翻旧账

这个方法是——不要让你们的每一次吵架，
都只是“现在进行式”。
例如：他比约定的时间晚到，那可不能就这么算了，
你要把自己当成考古学家一样，挖出陈年旧账。
“你又迟到了，三年前我就跟你讲过不要迟到了！
为什么就是不改，那次迟到三十四分钟……
这次迟到三十五分钟！居然给我变本加厉……
两个月前你迟到的那件事，我都还没跟你算……
之前我都是忍住不生气，你看你到底怎么搞的……
说到这我就想到我阿姨大寿你没买礼物的事……
那件事我的气都还没消，结果今天你又让我生气了……
上一件事还没解决，你又给我惹新麻烦！”
就像这样，你如同名律师手上掌握一大沓档案卷宗似的，
将所有的案件全部翻开，
做好随时都可以把被告送去吃十年以上牢饭的准备。

要把以前吵过的架再翻出来吵一次，
就算曾经达成和平共识也不要管，
把芝麻绿豆的小事，吵得像国计民生大事一样重要。

6 5
条件多多

这世界上没有什么事情是容易到手的，
谈恋爱也是一样，
你的另一半怎么可以那么容易、简单地想干嘛就干嘛。
他想跟哥儿们去打高尔夫球，她想和姐妹们去购物，
如果你就这么毫无条件地答应了，这样对吗？
不是不要他／她去喔！他／她想去也可以，
毕竟我们是这么好商量，你说是吧！
“但是”要谈一下条件，
放过他／她才值回票价啰，你说是不是啊？
所以要让他去是可以的，
“但是”要答应带我去买十克拉钻表喔！
要答应她当然没问题啊，
“但是”她要跟我不喜欢的那个男性朋友断绝来往才行！

只要你在两人的交往中打上很多星号、注释，
内容要比人寿保险单上，大大小小的条件还要复杂，
最后他／她就会因为无法接受，
自然而然地离开你了。

建议：若与第 56 个方法并用，效果会加倍。

66
脾气大

哼！唉！哼！唉！
在这个分手方法里，你要练习做嘟嘴、歪脸的表情，
还要唉声叹气，抱住胸口用力呼吸，然后气愤地走开，
让这些动作成为你的标准模式。
一副大家都要来讨好你的样子，这就是脾气大的表现！
如果被问在生什么气，
千万不要直接说明白，
一定要用以下的标准回答方式说：
“生什么气，我不想说，你自己好好想想吧。”
这样对方就会像被三级地震惊吓到一样。
只要你照着这么做，
就可以从只生一件事的气，升级到更生其他事情的气。
从“这件事……”变成“你还不知道是哪件事……”
复杂地、迂回地发脾气，记得要多加几件事一起发脾气，
让发脾气从简单的一次方程式，变成二次方程式，
再变成困难的三次方程式、四次方程式、五次方程式……
越来越复杂，越来越难懂，
困难到连现有的数学方程式都无法破解！

你准备好开始发脾气了吗，预备……
一……二……三！

建议：若与第 21 个方法并用，效果会加倍。

67 将小事变大事

这个分手法要怎么做呢?

让我给你举个例子你就会明白了。

“为……为……为……为什么你……

不喷杀虫剂!! 明明前天你就答应我的!!!”

“它咬我耶，我好痛，你知道吗!!!

你这个意思是……你根本不在乎我!!!

你让蚂蚁咬我，让我觉得好痛，

痛到我内心深处，痛到我流下眼泪!!!”

“你是不是要等蚂蚁把我搬进它们的巢穴当食物

你才甘心啊!!!”

“以前你连只苍蝇蚊子都不放过，

现在你真的变了，我们的爱情就只不过如此!!!”

“你看啦!!! 都说这么多了，

还不赶快去找药膏来帮我擦!

就知道你不爱我了，居然让蚂蚁随便咬我!!!

我讨厌你! 再见! 拜拜!!!”

建议：若与第 59 个方法并用，效果会加倍。

68
反复无常

你见过螃蟹吗?
螃蟹是一种无法直线行走的动物,
一下子往左边歪,一下子往右边歪,
就好像地心引力对它没有影响似的,
现在你要以螃蟹为榜样,让自己像这种蓝血动物,

该怎么做呢?那就是——
即使是做了决定,还是常常改变主意。

约好要去看电影,就临时改成逛街好了;
本来约好十点见面,
到九点五十五分的时候就打电话取消约会;
以前说过想要这个那个,
等他买来送你后,就改变主意说不要了;
以前爱他,现在开始犹豫要继续爱,还是不要爱好呢?
唯一可以肯定的就是:你总是摇摆不定。
比骰子的点数还难猜测,比扑克牌的牌面更难看透,
搞到最后都没有人想和你在一起。
所以不要犹豫了,快这么做吧!

69

整天只想“做爱做的事”

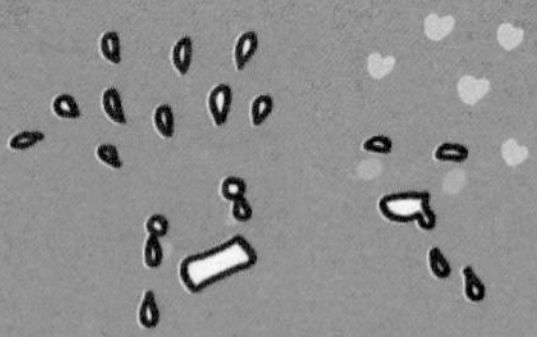

相信花花公子创办者——休·海夫纳
听到这方法后，会对这方法的实行者崇拜得五体投地。

话说床事是很重要的，
可是却很少有人敢开口承认自己是喜欢的，
所以直接对那些害羞的人，表示你非常喜欢这档儿事，
并且开始练习看到他们就口水直流，
面对他们时总是带有性暗示的喘气，
眼神总是在几个定点上飘忽，
搞到异性都吓得直打冷战，
担心你会不会大白天就抓他去强暴，
蜡烛、皮鞭、手铐各式各样的工具一应俱全，
最好是收藏完整的一套。
有时你还要在公共场合拿出来试玩并笑个不停，
而且对会震动的东西也乐此不疲。
警告：就算都这么做了，也许还是会招来一些小鱼小虾，
但是，保证好货绝对会以三倍的光速，
想办法赶紧从你的魔爪下逃之夭夭。

建议：若与第 34 个方法并用，效果会加倍。

70

吵架时爱动手动脚

热衷于这个方法的人，
和另一半的吵架方法如下（请随文字想象情境）：
接下来，红色选手对蓝色选手近距离攻击一拳，
嘴破爆血，对手门牙断掉埋进牙龈里了，
血都喷出来了，医生护士可以准备进场了！
喔喔，还不止如此，还没有停止！
红色选手接着使用过背摔攻击，摔得对手措手不及！
哎呀，这下子脊椎骨没断的话就叫作神了！
这一场战役打得如火如荼，真是值回票价！
噢！蓝色选手失去意识了吗？
裁判开始从一数到十！
一……二……三……
红色选手看起来还不过瘾，向擂台边走去，
抓起椅子摔在蓝色选手身上摔个不停！
噢！噢！噢！噢！噢！
现在蓝色选手已经看不出来曾经是个活生生的人了！
现在他看起来比较像只变形虫！
有没有人打电话叫秦明（中国文学作品中著名法医）来啊？！
看样子可能要用吸尘器，
才可以完全地把蓝色选手的残破尸体给吸走！

71
难以接近

实行这个分手方法的善男信女，
几乎快要以此为宗旨自立一种新教派，
因为他们总是闭上眼睛、关上心窗、封锁自己，
带着一种难以靠近的气息、状态，
连超会开锁的锁王也只能对他们喊一声“大爷大娘”，
难以理解到宛如层层封闭，夺走上万条探险家性命的
——图坦卡蒙宝藏，
为两人的相处带来艰难的重重关卡。
他们总是把想说的话留在心底，
宁愿增加胸口的重量也不愿说出来，
总是把情绪之锚投入深不可测的海底。

甚至连精神分析学之父——西格蒙德·弗洛伊德，
也无从进入他们的内心。

建议：若与第 99 个方法并用，效果会加倍。

72

永远都是悲伤的

如果你已经实行“负面思考”这个分手法，
那接下来我们一起来把这节要说的分手方法发扬光大吧！
在这个分手方法里，
哭泣才是正常的，一点儿都不需要大惊小怪，
如果哪一天会笑，那才真的需要带去医院检查一下才行。

生活在太阳下会为你带来快乐，让人生充满美丽与爱；
那么你就要反其道而行，
致力生活在会给你带来苦痛、邪恶以及分离的黑暗中。
所以，如果他还能和你在一起生活，
努力把自己当作为你指引光明之路的圣者，
那么你就要无时无刻和他分享你的痛楚、邪恶、负面思想，
跟他一起分享你的悲伤情绪。
你还要渐渐扩大具有这种杀伤力的黑暗气息，
直到大家都不想和你在一起，
让他们害怕会影响到自己的心理健康，
如果你能做到这样，那么孤独、空虚、寂寞的日子离你不远矣。
（搞不好还会附赠抑郁症给你当成特别的礼物）。

建议：若与第 60 个方法并用，效果会加倍。

73
烂好人

如果你已经用过许多使坏的方法，
却依然不能让他/她放弃你，
还愿意忍受你的暴力相向，
那要不要试试转换成以“好心”相待这种方式呢？
反正我们也常听到“你是好人”这超人气的分手借口。
而且也许就是因为现在的被虐狂数量太多，
反而让这些狠角色的坏坏男/坏坏女更显得独具魅力。

那么现在我们试着改变方向，
来当个好人、圣人、圣母娘娘，好到让对方无可招架。
“欠债一百万吗？没有关系，等一下我去卖身帮你还清。”
“比较爱她吗？没有关系，我愿意用我的心痛来换你的幸福。”
除了让你变换角色当个超好的男主角、
楚楚可怜的女主角以外，
还能使你的爱人无从招架，
他会困惑地说：“这是怎么回事！真的是同一个人吗？！”
在他大大受惊吓之余，
不久后，就会用“你人真的很好，但是……”
这种超人气理由跟你分手。

74 大烂人

如果你无法忍受上一个“烂好人”的分手方法，
实在是因为这样大大地违反你邪恶的内在本质，
也许你会比较适合这个方法——“大烂人”。

你要抛开曾经有过的仁慈，
只留下邪恶、恐怖、虐待的个性。
“喜欢被赏巴掌是吗，可以！走着瞧！”
“喜欢暴力、粗鲁、使坏是吗？会如你所愿的！”
你要把他当作实验室里的低等动物般虐待，
夺去他的所有，包括自尊，让他活在痛苦的世界中，
让他开始怀疑自己是不是上辈子做错了什么，
导致罪孽多到这辈子还不完！
如果最后他还是会因为爱你、关心你而继续容忍你，
深信你有一天能往好的方面改变的话，
那最后他等到的只会是，
身边关心他的亲朋好友，
命令他从此远离你！
耶！终于如你所愿地分手了。

75 漠不关心

“又怎样了啦！当男女朋友就要接送喔？搞什么！”

“都长这么大了还不会照顾自己喔？

自己找饭吃不难吧，身上又不是没带钱！”

“电影自己一个人去看啦，我不想看，

很烦耶，我讨厌黑黑的地方。”

“无聊时不要打电话给我啦，

因为我在吃鸡，才没时间跟你聊！”

在这个分手法里，就是要你像上面提到的那样，

对另一半漠不关心，让他开始怀疑自己：

“咦，我到底是人，还是已经变成你家的厨余垃圾了！”

不知道从何时起，他就被你抛弃在绿色的大垃圾桶里，

等待垃圾车来把他收走、掩埋、焚化的那一天。

建议：若与第 84 个方法并用，效果会加倍。

76

把一切据为己有

他的东西就是我的东西，
我的东西还是我的东西；
他的钱就是我的钱，
我的钱还是我的钱；
他的朋友就是我的朋友，
我的朋友还是我的朋友；
他的时间就是我的时间，
我的时间还是我的时间。
他家里的东西我可以直接拿来用，不用过问；
他的手机我可以直接拿来看，也不用过问。
逛了一整天，脚酸了，就直接把脚伸过去让他按摩。
虽然大家都说要懂得尊重人，是没错啦！

可是，我们是男女朋友啊！
他不是说爱我吗？
既然爱的话，那就要付出一切啊！
这些不是早就说好的吗？

建议：若与第 95 个方法并用，效果会加倍。

77
高标准

既然我们是人类这样的高等动物，
那么被归类为帅哥、美女的人，就是有资格挑剔啊！
为什么还要忍受和普通的人在一起？
那些人如果换成考试分数，
那么满分十分里，他们也不过是只拿了五分的人。

如果你是女生，
就应该要配金城武、王力宏、赵又廷，或者是三小只嘛！
如果你是男生，
至少也要配林志玲、李嘉欣或是热巴啊！
现在我这样算什么，
身边的这个人学历高不成低不就，家境不过小康，
每次转身看到他，我都要连续叹气个三四次！

人生还很长——重新挑一个好了，
还要顺便把男／女朋友的水平给提升一下，
这才配得上我。
啧……

78
不能共患难
GIVE
UP

人家说，
两个相爱的人就像共乘一条船，
遇到再大的风浪，都要一起携手渡过，
这是谁说的？
其实还有更简单的方法，
就是左右手各准备一面白旗，
一看到远处的乌云，
就马上举起白旗投降；
或是跳进救生艇中，头也不回地尽速划走，
看！简单多了吧！

“问题”不是每次都用来解决的，
有时候可以选择逃避。

建议：若与第 90 个方法并用，效果会加倍。

79

“性向”大变

这个分手法是最难做到的，
但是，如果做得到，那笔者保证百分之百绝对分手，
要是对方还能忍受，就真的不是普通人了，
可以联络国家博物馆，将他列为值得后人景仰的圣人。

这个方法是建议你改变性向。

假如你是男生的话就变成当她的老婆，
假如你是女生的话就变成当他的老公。
（假如你不做这么剧烈改变的话，对方可能还会抱着希望，
以为你还可以变回原来的性向。）
其他状况：
如果你原本是男同性恋，那就变成直男吧，
如果你是女同性恋，那就变成直女吧。
然后请你打开民谣天后“金达拉·品拉普”（泰国民谣天后）的
最新主打歌：《我的老公是他的老婆》，
不断重复播放直到另一方觉得不对劲！
笔者已经不知道要怎么建议得更详细了，
这种事要看各自的本事。
好啦，深呼吸，
然后走进你未曾造访过的新世界吧！

80 个性大变

“你变了”这句话，
是最常用来做分手的借口。
（说这句话时，
一定要像小孩吵着要父母买玩具给他那般胡闹。）
噢！既然“你变了”是分手的借口，
那么我们也来试着变看看！
看能不能也如愿分手。
从以前个性文静，变成个性三八，
从一个总是笑吟吟的脸，变成一个苦瓜脸。
从一个要求简单的人，变成思绪复杂，让人难猜测的人。
从每天早晚都要打电话，变成久久才发一则简讯的人。
不要停止不变，
要一直变到让他追不上你的改变，
有一天他会放弃，
自然就会放手不管你了。

建议：若与第 28 个方法并用，效果会加倍。

81 爱说谎

佛教五戒中的第四条说：不妄语。
你先把这一条戒律摆一边，
然后练习说谎，直到连小木偶都要拜你为师，
“你去哪里了？”
“哦……哪里都没有去啊！”
（事实上刚刚去三里屯看帅哥。）
“你买了什么？”
“哦……什么都没买到啊！”
（事实上刷爆了十五张信用卡。）
“有没有专心减肥啊？”
“有啊，我非常努力喔！”
（事实上下午茶就吃了十个脏脏包。）
“咦……‘柯隆莎’这是什么卡啊？
我刚好在你口袋里看到的。”
“哦……是干洗店啦，没什么。”
（事实上是泰国浴的卡。）
相信总有一天会真相大白，而到了那个时候……
一切就会如你所愿地全毁了。

8 2
只相信朋友的话

“情人可再找，好友却难寻。”

既然情人是可以再生的产品，

那又何必去在乎呢！

该巩固的是友情才对，

朋友说什么当然都要相信，

如果要我选择跟朋友走，还是跟情人走，

哎哟，答案这么明显你还不知道吗？

当然是跟朋友啦！

可以把情人一个人丢在家里没关系，

不用太在乎啦！

但是朋友是很珍贵的，

朋友是对你最了如指掌的人！

阿娇、阿花这几个好朋友，可都是爱情专家喔！

但男朋友喔，他知道什么！

不管怎样朋友都是对，男朋友都是错的！

谁敢说我朋友坏话就试试看，

你会知道老娘的厉害！

别说我没警告过你啊！

建议：若与第 20 个方法并用，效果会加倍。

83

不好好照顾自己

虽然说这个分手方法会给你带来不小的伤痕，
但经过多方验证，此分手方法的确“很有效”。
从日常保养品开始着手，把它们统统丢进垃圾桶里；
以前每个周末都去健身房，现在统统停掉，
改成尽情享用零食、油炸食物；
（这简直是个爽快大吃的好机会啊！）
马上将各种酒精饮料，排成一列放在桌上；
“走夜路危险”是什么东西，
那是你的事，轮不到别人管，
现在开始，每天混到天亮再回家。
只要短短三个月，你的脸色会逐渐暗沉，
岁月一下子就可以在脸上增加二十年。
不只是路人不忍心看你，
连你的情人都打算抛弃你不管，
因为你已经成为他最沉重的负担！
（甩开旧情人后，找个时间恢复自己原来的样子，
然后，再找下一个受害者。）

建议：若与第 97 个方法并用，效果会加倍。

84

忘记情人的生日

这个分手法，就像是小朋友在抢玩具那样的小事，
但是，像情人生日这么重要的日子，
对交往中的情侣而言就非同小可了，
当对方是个脾气大又喜欢想太多的人时，
忘记生日这件事，
简直就像在他心里钉下一块木桩后又对他表示：
“我再也不把你放在心上啰！再见我的爱人。”
就让他一个人，在孤寂的房间里独自把蜡烛吹熄，
不用打电话，不要发微信，不必祝他生日快乐，
让他独自庆生，这样就算完成此分手法了。

备注：如果你有个生日非常好记的男 / 女朋友，
像是圣诞节、元旦、二月二十九日等等，
这个方法也许比较难实行，因为说忘记简直是荒谬，
不过还是可以试试看，
因为那么好记的生日，但还是忘记了，
那就表示：“哎，可怜没人爱哟。宝贝！”
而且会让对方更加倍地伤心难过，哇哈哈哈！

建议：若与第 75 个方法并用，效果会加倍。

85
喜欢说：我和XXX你选一个呀？
A
B

如果发现他除了你以外，还重视其他人事物，
无论是爸爸、妈妈、兄弟姐妹、亲朋好友，
就连路边的野狗都要给他算进来，
跟你说，这是提出分手的好机会：
“你自己选，要他，还是要我？”
“你选啊！你要站在你妈那边，还是要站在我这边？”
“你选啊！要把狗丢了，还是要把我丢了？”
（同时还要架一把刀在狗的脖子上。）
要让他的人生永远处在分岔路口上，
要左转还是右转，请选一个！
不能让他再脚踏两条船了，你要对他下最后通牒。
根据统计数据发现惊人的结果：
大部分人通常遇到最后通牒的时候，往往会选择离开。

每日一字：最后通牒，
英文用 Giving（him/her）an ultimatum.
Ultimatum（最后通牒）。

建议：若与第 99 个方法并用，效果会加倍。

86 生活单调

每一本恋爱手册都说同样的事情：
若希望两人能够长长久久在一起，
就应该增添生活情趣、乐趣。
这就像商店要进新货色，来吸引顾客一次又一次地上门，
否则时间久了，爱情就会索然无味、无聊、一成不变，
勉强下去，最终就会迈向分手之路。
所以，像我们这种寻求分手方法的人，
可以利用这一点举一反三。
当那些希望爱情长久的人，不停寻求延续情感的新方法时，
那么像我们这种想分手想到不知如何是好的人，
则可以逆向操作，过着一成不变的日子。
想想，一个人就算再怎么喜欢吃煎蛋，要是餐餐吃一定会腻。
爱情也一样，每天都做一样的事，生活在同样的环境，
吃着同样的食物，去同样的地方玩，有一天对方也会腻。
或是重复说着同样的话，像是听录音机播放一样，
不断抱怨同样的话，像是在他的大脑中重复输入相同的字母。
同样的事情整整重复讲一年，就像老年痴呆症一样。

笔者相信，有一天他一定会跟你说“再见”的。

建议：若与第 88 个方法并用，效果会加倍。

8 7
冷嘲热讽

用你的言语当武器，把他的心当作靶心，
用语言造成的压力，每天每天地攻击，
让他明白天高地厚，知道谁才是一家之主！
而“谁”才是服从者。

“今天我加薪了喔，好可惜喔！你工作这么久了……
都没有受老板重用，现在薪水比我还少，嘻嘻！”
（刺！）
“不用难过喔，考这种分数……
就算别人把你当成笨蛋，我还是爱你的，嘿嘿！”
（再刺！）

把语言当成盐酸一样，
不停释放毒素侵蚀他的心，不用给他面子，
用虚情假意的糖霜，包裹着尖酸刻薄的老鼠药。
一天一点慢慢地喂进他嘴里，
最后他会“中毒心亡”而离开你。

建议：若与第 62 个方法并用，效果会加倍。

88
对感情不积极

爱情就像一条道路，终点是婚姻与一辈子生活在一起！

所以若要实行这个分手法，摆脱上述状况，
那你要在交往的第一天就对他宣告：
“别期待我们会走到那个终点，因为我讨厌被束缚。
请你明白会跟你在一起是因为我无聊，
也希望你知道我们的关系是没有未来的。”
如果他还抱着有一天你会改变的希望，
认为有一天你会相信婚姻，
并且会想跟他在一起直到天长地久、海枯石烂。
这时候你千万不能放弃、不能心软，
请每天对他重复同样的宣告，直到对方希望破灭，
最后他自然能体会到：
你们之间的关系是没有终点的，
那又何必还要在一起。
这就正中你的下怀啦！

建议：若与第 86 与第 96 个方法并用，效果会加倍。

89
有很多备胎
1
2
3
4

当你实行“要求可以拥有小三”这个分手方法，
他都还能够忍受的话，
（不知道他是毗桑塔罗王子*再世还是怎么样。）
那么就把那些小三，提拔成为正室，
干脆把外遇变成正宫 A、B、C、D。
如果今天选 A，你会有个家财万贯的男朋友，
在一起的话一辈子不愁吃穿，
活得像埃及艳后般有无数侍从前呼后拥。
但是请别急着选。
如果你选择 B，他帅气的程度可比好莱坞巨星，
一起牵手逛街可会引来一堆嫉妒的眼光呢！
那些嫉妒的人咬牙切齿，眼神冒火好似要把你给杀了。
等等，选项 C 的等级也不输他人，
才刚刚从哈佛取得博士学位。
而选项 D 正是现任男友，毫无竞争优势，
他正在选拔舞台旁边低着头擦眼泪……
这下子，你要选的是谁？

建议：若与第 29 个方法并用，效果会加倍。

---

* 译注：佛陀前身。

90 不改变自己

如果曾经统治地球的恐龙
绝种原因是不懂得调适自己，
那我们的爱情，也可以因为同一个原因濒临灭绝。
所以，当你的生活出现变化，
像是：换工作、换房子住、车贷房贷……
那你一定要拒绝调整自己。
“我的生活维持原样可以吗？”
当然啦，大部分人的回答一定是：“不行！”
因为人哪，一旦状况改变了，行为也需要做调整。
无论如何，在这个分手方法里，
你一定要坚持原来的想法，
保持原来的做法，不要有所改变。
这样一来你和他的爱情，
一定会像恐龙一样在地球上永远消失。

建议：若与第 78 个方法并用，效果会加倍。

91
借钱不还

大家都说：“金钱的事很敏感。”

十几年老朋友，都可以因为金钱而闹绝交了，

更何况你们只是情侣关系！

试试看，你可以从一两块这种小钱开始，

然后慢慢增加到几十元，再从几十元变成数百元，

从数百元变成数千元，从数千元变成数万元，

慢慢地增加，直到开始影响到他的经济状况。

小秘诀：捏造无谓的理由，可以加快结束你们的关系。

像是“借钱给爸爸看医生”“家里发生火灾”……

这些听起来都很可怜，让人想掏腰包。

或试试看以下的理由：

“需要钱周转一下上个月的逛街刷卡费！”

或者像是“上次跟小白打牌输了要去还”。

这一类的理由，将会加快你们分手的速度，

再加上连续的事件，像是借之后弄不见了、忘记了、

假装没这回事、不还、跑了、消失无踪……

就算再怎么相爱，最后你们还是会因为钱的事儿翻脸的。

建议：若与第 7 与第 24 个方法并用，效果会加倍。

9 2
相似度太高

很多人会怀疑：太相像，有什么不好？
有一样的品位，就会更理解彼此，不是吗？
但事实上若太相像的话，
（通常发生在交往很久的情侣身上）
也会让爱情索然无味的。
想象一下，你们想法相同、看同类型电影、
听相同风格的音乐、穿相同尺寸的衣服、
吃饭的口味也相同，没有分，也没有别。
反正都已经像同一个人了，
总觉得像在跟一面镜子交往，一直反映自己的影子，
当无论什么都一样时，他的心中就会冒出疑问：
“那我们还要在一起干什么？”
（进阶级：试试看连动作和说话语气也跟他一模一样，
差一点就可以直接用心灵沟通了，
光是眨个眼就可以替对方接下句，
一开始会甜甜蜜蜜，好像是连体婴喔，充满新鲜感，
但过一阵子后，
他还不会不耐烦的话，那算他有种！）

93
让对方感到自卑

如果巨大的行星能够遮蔽小星星的光芒，
那么你成功的光芒一样可以遮蔽对方的存在，
这个分手方法实行起来很容易，
只要另一半的工作职级和你相去甚远，
造成他心理不平衡，觉得生命没价值就可以了！
你所要做的，
就是利用这个差距不断提醒他，
要经常带他出席各种宴会，
尤其是跟他完全没有关系的宴会，
把他当成手臂上的装饰品牵着就好，
记住，他是一点都不重要的陪同者，
只是一颗环绕着你公转的小星星，
当你提到自己的成功时也无须隐讳，
不用在意他会有什么感受，
有一天小星星会自己受不了，
会静静地脱离环绕你的轨道。

94 工作比爱情重要

“今天要不要我去接你下班哪？”

“不用来，我很忙！”

“我可以等你。”

“我说我很忙很忙，你有没有听我说啊？”

“因为关心你啊，小美你已经好几天没回家了！”

“你话说完了吗？我得赶快回去工作了！”

“其实……昨天我出车祸了，
现在在医院……医生说有轻微脑震荡，
但我还是想开车去接你。”

“我·已·经·说·了·我·很·忙·你·到·底·听·不·听·得·懂·人·话！”

（手机突然传来心跳测量机瞬间发出的长声，
这时医生和护士一阵忙乱地帮他检查。）

“嘟嘟嘟……”（电话挂断声）

（小美回去继续工作）

建议：若与第 33 个方法并用，效果会加倍。

95 当众不给面子

如果骂了、吼了、讽刺的话也讲了，
但他依然笑眯眯地无动于衷（真的有这种人吗？）
那还有什么办法让他想分手呢？
跟你说，有些人的弱点在于——
不能“在别人面前骂”。
也就是说，如果只有两个人在互骂，
那就尽管放马过来，他可以和平地接招，
除了都不会生气以外，说不定听了心情还会很好。
但是，**一旦在别人面前丢脸，尤其是在朋友面前，**
他马上翻脸变成臭脸衰神。
你一定要利用这一点，叫他带你出席聚会，
尤其是跟朋友喝酒的聚会绝不能错过，
利用这个好机会抖出他的丢脸史，取悦他的哥儿们，
或者在别人面前欺负使唤他，把他当作下人对待，
不断地重复，直到连他哥儿们都笑不出来。
一开始哥儿们还会觉得很好笑，
但越来越夸张的时候肯定就笑不出来了。
相信你们一离开聚会回到家后，
战争一定马上开打！

建议：若与第 76 个方法并用，效果会加倍。

96

放任对方

有一些宠物，当他被主人禁锢住，
就会乖乖的、对主人撒娇、服从主人的命令。
可是一旦把它解放到外面的世界，
它就会马上头也不回地离开你。
在这个分手法里，就是要请你解开对方的枷锁，
在他跑开的时候挥挥手，
让他怀疑自己现在的感情状态：
咦……我们还算情侣吗？
怎么觉得自由得好奇怪！
告诉他想有几个外遇对象就随便他，你不在意的。
（因为我也有。）
如果他说不想每个礼拜见面，
就回答他：好啊，没关系的。
（因为我也不想见你。）
你一定要让自己什么都不管，不在乎他是生是死，
让你们之间变成超级开放、自由的关系，
等他对外面的新奇世界兴奋不已时，他就会离开你。

建议：若与第 88 个方法并用，效果会加倍。

97
荒唐过日子

十个照着做一定会变成荒唐人的方法：

1. 每晚烂醉。

2. 每天早上吐得不成人形。

3. 讲不出人话。

4. 吸毒。

5. 失业。

6. 躲在家不见太阳。

7. 天天躺在床上，用脚按遥控器。

8. 就连父母都看不下去把他赶出家门。

9. 曾经的好友一个接一个离开他。

10. 变成社会负担，连路人都看不下去。

建议：若与第 53 与第 83 个方法并用，效果会加倍。

98
什么狗……事都要分享
f
H5

两人关系是属于两个人的，
那么把两人私密生活分享给全世界知道又有什么关系？
在这个分手方法里，
你要把自己当成真人秀的主角、大咖演员，
一旦吵架了就马上登入脸书、
推特、HI5 和各种论坛网站，
把心中不吐不快的怨气，快速地在小方框里打成文字，
内容写得越是天花乱坠，就越酷，越吸引人。
“这样说话不如不用说了，老子不爽。”
“好好讲话是会死吗？”
“亲爱的张老师，他根本就不了解我。”
“今天跟男朋友吵架，请看以下内容……”
（内文长度犹如史诗电影《魔戒》、好莱坞惊悚片，
并事无巨细地交代每一个段落的剧情，
宛如编剧界的第一把交椅。）
如果想不出要写什么，那就引用最接近实际状况的歌词，
然后再用引号标出符合你的爱情故事的那一段，
贴出去等待别人来表达慰问
并且把注意力放在不认识的人的问候，
而至于他看到帖子后有什么感觉呢？
管他呢！

建议：若与第 44 个方法并用，效果会加倍。

99

把分手挂嘴边

假如前面九十八个方法你都用了，
但你的情人还可以忍受并继续交往，
算你们行！
现在这个方法适用在你们的关系已濒临断裂的边缘。
经过前面数种方法后，你们的关系岌岌可危，
好比是一座快倒塌的扑克牌塔，
就差再轻轻一碰，一切就能完美地结束。
最后只剩下关键的一句话：“分手吧！”
（他可能会很想回答：“好！我早就想分了！”）
因此，下次吵架的时候，别忘了提出这甜美的建议：
“如果还无法沟通，那分手算了啦！”
“如果你还不想讨好我，那分手算了啦！”
如果这次他还不肯放手、不愿分手，你也不要放弃希望，
记得往后每次吵架，都要一次又一次这么说，
总有一天他会举白旗投降，
而且十分愿意地签下分离同意书。

但如果他还是坚持要继续认真地爱，
那么看来要用最后一招了……

建议：若与第 71 与第 85 个方法并用，效果会加倍。

100

爱得越深·恨越入骨

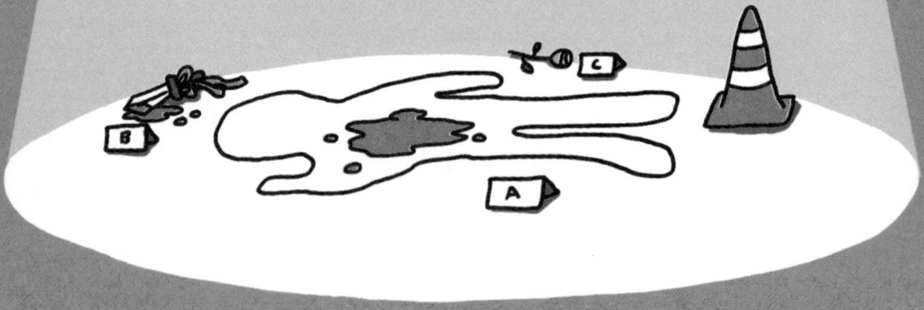

都到这最后一个方法了，

但还不能如愿地分手，

请你先放下先前所有的分手方法，

看样子你的另一半真的是很耐打，

既然如此，你就是获得了世间稀奇的珍宝，

那请你好好珍惜，别让他落到别人的手上，

请爱他珍惜他，照样不断地滋养你们的爱情，

爱他多过于他给你的，

爱 爱 爱 爱 爱 爱 爱 爱 爱到你心理不平衡，

爱到想要永远占有他，

把他的内衣裤疯狂地供起来膜拜，

收集他的手和脚趾甲，时常默念他的名字，

对他的感情执着到有一种念头浮现：

“当他还‘活着’就有可能变心……

那么

只好

……

……”

（请你自行写下爱情故事完结篇。）

Checklist!

想分手？！这是很不容易的，

看看要试哪些方法才能达成目标吧！

1 □不爱了

2 □宣示所有权

3 □什么都要知道

4 □不给自由

5 □紧迫盯人

6 □难伺候

7 □人家想要这个啦

8 □不信任

9 □女朋友还是老妈？

10 □疑心病

11 □爱吃醋

12 □急着规划未来

13 □黏在一起

14 □迷恋并非爱恋

15 □兴趣大不同

16 □旧情复燃

17 □调查他的过去

18 □不敢公开恋情

19 □我行我素，不因恋情改变自己

20 □相信外人说三道四

21 □小心眼

22 □一直要情人关注

23 □什么都想管

24 □都让对方付钱

25 □说随便，其实一点也不随便

Checklist!

想分手？！这是很不容易的，
看看要试哪些方法才能达成目标吧！

26 □ 太多秘密不让对方知道

27 □ 爱假装

28 □ 过了蜜月期便原形毕露

29 □ 要求可以拥有小三

30 □ 狂打电话给对方

31 □ 和情人的家庭不和

32 □ 爱屋不及乌

33 □ 没有多余的时间分给他

34 □ 招蜂引蝶

35 □ 爱和别人比较

36 □ 只关心自己

37 □ 啰唆

38 □ 家丑外扬

39 □ 外丑家扬

40 □ 爱抱怨

41 □ 爱生气

42 □ 迷信

43 □ 以貌取人

44 □ 社交网站症候群

45 □ 不让他说话

46 □ 所有问题都已预设答案

47 □ 自我感觉良好

48 □ 洗脑

49 □ 不接受事实

50 □ 喜欢出难题

Checklist!

想分手?！这是很不容易的，

看看要试哪些方法才能达成目标吧！

- 51 ☐ 自恋
- 52 ☐ “Shopping”上瘾
- 53 ☐ 幼稚
- 54 ☐ 远距离爱情
- 55 ☐ 自私
- 56 ☐ 令人难以猜透
- 57 ☐ 装高贵
- 58 ☐ 控制狂
- 59 ☐ 爱钻牛角尖
- 60 ☐ 负面思考
- 61 ☐ 爱唱反调
- 62 ☐ 狗嘴吐不出象牙
- 63 ☐ 爱拿新情人和旧情人比较
- 64 ☐ 爱翻旧账
- 65 ☐ 条件多多
- 66 ☐ 脾气大
- 67 ☐ 将小事变大事
- 68 ☐ 反复无常
- 69 ☐ 整天只想“做爱做的事”
- 70 ☐ 吵架时爱动手动脚
- 71 ☐ 难以接近
- 72 ☐ 永远都是悲伤的
- 73 ☐ 烂好人
- 74 ☐ 大烂人
- 75 ☐ 漠不关心

Checklist!

想分手？！这是很不容易的，

看看要试哪些方法才能达成目标吧！

76 □ 把一切据为己有

77 □ 高标准

78 □ 不能共患难

79 □ “性向”大变

80 □ 个性大变

81 □ 爱说谎

82 □ 只相信朋友的话

83 □ 不好好照顾自己

84 □ 忘记情人的生日

85 □ 喜欢说：我和XXX你选一个呀？

86 □ 生活单调

87 □ 冷嘲热讽

88 □ 对感情不积极

89 □ 有很多备胎

90 □ 不改变自己

91 □ 借钱不还

92 □ 相似度太高

93 □ 让对方感到自卑

94 □ 工作比爱情重要

95 □ 当众不给面子

96 □ 放任对方

97 □ 荒唐过日子

98 □ 什么狗……事都要分享

99 □ 把分手挂嘴边

100 □ 爱得越深·恨越入骨

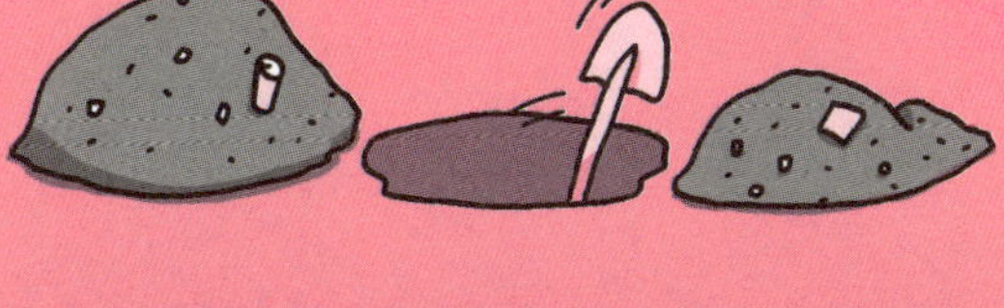

作者要感谢

感谢以下人物的帮忙，
让想要分手的读者得以达成目的：

谢谢编辑兼好友的纳查农·马哈伊提东
（Natchanon Mahaittidon），
为这本书投入非常多的心力
谢谢你（致以无上的谢意）。

谢谢 Prarisista、Buffo Dreambo、Moo Smallroom、
帕查（Padcha）以及 LWA 小队的建议与打气；

谢谢张雁 Wichai Matakul
在我想不出东西的时候，适时地提出建议；

谢谢爸爸、妈妈、弟弟、妹妹；
谢谢 Exteen、部落格的团队，在遇到危机的时候伸出援手；

谢谢鲑鱼出版社各个部门所流下的每一滴辛勤汗水，
谢谢每一位绘图及写作界的朋友和前辈，一直以来的扶持；
而最后，
谢谢大家不离不弃。

精彩访问

关于《分手所需 100 步》作者创作历程

编者问：这本书想要带给读者什么样的启示呢？

谛帕恭：这本书是要让读者知道，如何用其他方式，当一个贴心并且不会说话伤人的好情人（或是不分手的人）。这本书就是要让读者明白了解，该如何去做才对，并且能清楚知道这 100 个步骤中的行为是应该要避免的。所以，如果想要和另一半长相厮守的，就请把这本书当成反例或是“地雷区”，让我们一起避开书中那些不好的事情或糟糕的状况，走上对的方向。

编者问：这本书中说的都是您自己的亲身经验，还是有从其他地方收集来的素材呢？

谛帕恭：其实当中有些是自己的经验，有些则是我看到身边好几对交往中的朋友，发生过那些我无法忍受的行为、状况。我们把自身发生的情况和其他从朋友那边听来的行为或经验，做一个深入以及中立的探讨。

编者问：到目前为止，有没有读者跟你分享把书中的方法，应用在现实生活中后的经验呢？

谛帕恭：有的，有些读者说在看这本书时，他们一定会避免让另一半看到，因为要是让另一半看见一定会有争执发生，可能会造成对方误会。另外也有些人说，他们会跟另一半一起看这本书，然后再告诉他们：“看吧！你就像书上说的这种个性，书上指的就是你！”还有另一些人说，他们看了这本书之后，反而更了解过去做了什么让另一半觉得反感生气，当知道这些缺点之后，就可以更好地去改掉这些行为。

编者问：会不会再继续写类似这种题材风格的书呢？

谛帕恭：如果是这种如何反思的书，目前已经出版两本了，就是之前的《失败所需 100 步》和现在读者手上的这一本《分手所需 100 步》，如果我想继续写这类题材的话，是没有问题的，但，前提是要遇到真正合适的题材，而且这个题材也真的是适合用这样的方式创作才行。

编者问：最后，说到情人节，一般都想到2月14日的西洋情人节，而中国的情人节则是在中国农历的7月7日（七夕情人节），这是个类似日本女生会在西洋情人节织围巾送给恋人的节日。针对这个节日，你有没有什么想要托我告诉读者们的呢？

谛帕恭：对于中国的情人节（编辑已经告诉作者有关这个情人节的故事了！），在这边希望所有的情侣，能以牛郎织女的故事为警惕，这对彼此相隔遥远的男女，一年只能见一次面，就算如此都还能互相表达出对彼此的爱意，而我们是多么幸运，能和自己爱的人彼此相守陪伴在身边，因此希望每个人都要好好地守护自己的爱情，彼此设身处地互相体谅，并为对方着想。这才是我想透过这本书带给各位读者的一点想法。

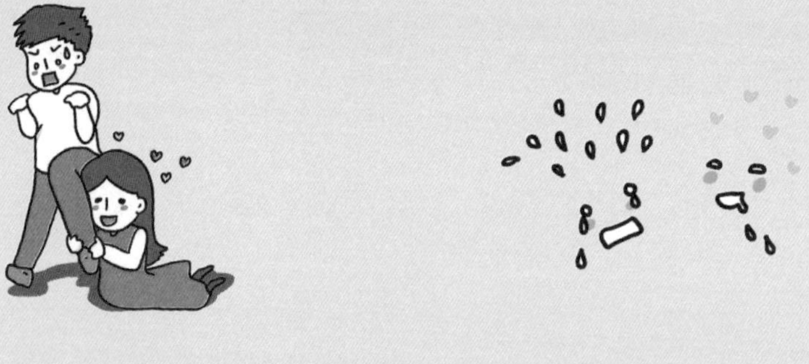

图字：01-2018-8376号

图书在版编目（CIP）数据

分手所需 100 步 / (泰) 谛帕恭 · 武提皮塔雅蒙空 著；麦麦 译 . —北京：东方出版社，2019.4
书名原文：100 Steps to Break Up
ISBN 978-7-5207-0809-8

Ⅰ. ①分…　Ⅱ. ①谛… ②麦…　Ⅲ. ①情感—通俗读物　Ⅳ. ① B842.6-49

中国版本图书馆 CIP 数据核字（2019）第 033445 号

分手所需 100 步
（FENSHOU SUOXU 100 BU）

作　　者：[泰] 谛帕恭 · 武提皮塔雅蒙空
译　　者：麦　麦
责任编辑：朱　然
出　　版：东方出版社
发　　行：人民东方出版传媒有限公司
地　　址：北京市东城区东四十条 113 号
邮　　编：100007
印　　刷：北京联兴盛业印刷股份有限公司
版　　次：2019 年 4 月第 1 版
印　　次：2019 年 4 月第 1 次印刷
开　　本：880 毫米 ×1230 毫米　1/32
印　　张：7
字　　数：75 千字
书　　号：ISBN 978-7-5207-0809-8
定　　价：49.80 元
发行电话：（010）85924663　85924644　85924641